新农村建设实用技术丛书

果蔬贮运病害防治

科学技术部中国农村技术开发中心
组织编写

中国农业科学技术出版社

图书在版编目（CIP）数据

果蔬贮运病害防治/王文生等编著 . —北京：中国农业
科学技术出版社，2006. 10
（新农村建设实用技术丛书·农产品加工系列）
ISBN 7 – 80167 – 984 – 9

Ⅰ. 果…　Ⅱ. 王…　Ⅲ. ①水果 – 贮运 – 植物病害 –
防治②蔬菜 – 贮运 – 植物病害 – 防治　Ⅳ. S436

中国版本图书馆 CIP 数据核字（2006）第 144359 号

责任编辑	闫庆健
责任校对	贾晓红　康苗苗
整体设计	孙宝林　马　钢

出版发行　中国农业科学技术出版社
　　　　　北京市中关村南大街 12 号 邮编：100081
电　　话　(010) 68919704（发行部）(010) 62189012（编辑室）
　　　　　(010) 68919703（读者服务部）
传　　真　(010) 68975144
网　　址　http://www.castp.cn
经 销 者　新华书店北京发行所
印 刷 者　北京华正印刷有限公司
开　　本　850 mm ×1168 mm 1/32
印　　张　4. 75　　插页　1
字　　数　120 千字
版　　次　2006 年 10 月第 1 版　2008 年 12 月 第 3 次 印刷
定　　价　9. 80 元

《果蔬贮运病害防治》编写人员

王文生　闫师杰　吴彩娥　石志平　田勇　编著

王文生

男，研究员，1958 年 1 月生。于 1986 年和 2003 年在中国农业大学先后获硕士和博士学位。1986 年到 1999 年在山西农业大学食品学院从事教学和科研工作，1992 年获山西省青年学科带头人，1993～1999 年任山西农业大学食品学院副院长、院长。现任国家农产品保鲜工程技术研究中心副主任，兼任中国园艺学会产后与技术分会副会长，天津科技大学硕士生导师。从事果蔬等农产品产后贮运加工的教学、科研及科技推广工作 20 年多年，在果蔬贮运保鲜理论和采后保鲜技术；冷库设计、建造和制冷技术；臭氧保鲜技术的研究和应用方面有较深的造诣。主持并参与国家和省部级科研项目多项，获二等以上奖励 4 项，发表论文 50 余篇，编写出版著作共 7 部。

序

　　丹心终不改，白发为谁生。科技工作者历来具有忧国忧民的情愫。党的十六届五中全会提出建设社会主义新农村的重大历史任务，广大科技工作者更加感到前程似锦、责任重大，纷纷以实际行动担当起这项使命。中国农村技术开发中心和中国农业科学技术出版社经过努力，在很短的时间里就筹划编撰了《新农村建设系列科技丛书》，这是落实胡锦涛总书记提出的"尊重农民意愿，维护农民利益，增进农民福祉"指示精神又一重要体现，是建设新农村开局之年的一份厚礼。贺为序。

　　新农村建设重大历史任务的提出，指明了当前和今后一个时期"三农"工作的方向。全国科学技术大会的召开和《国家中长期科学技术发展规划纲要》的发布实施，树立了我国科技发展史上新的里程碑。党中央国务院做出的重大战略决策和部署，既对农村科技工作提出了新要求，又给农村科技事业提供了空前发展的新机遇。科技部积极响应中央号召，把科技促进社会主义新农村建设作为农村科技工作的中心任务，从高新技术研究、关键技术攻关、技术集成配套、科技成果转化和综合科技示范等方面进行了全面部署，并启动实施了新农村建设科技促进行动。编辑出版《新农村建设系列科技丛书》正是落实农村科技工作部署，把先进、实用技术推广到农村，为新农村建设提供有力科技支撑的一项重要举措。

　　这套丛书从三个层次多侧面、多角度、全方位为新农村建设

· 1 ·

提供科技支撑。一是以广大农民为读者群，从现代农业、农村社区、城镇化等方面入手，着眼于能够满足当前新农村建设中发展生产、乡村建设、生态环境、医疗卫生实际需求，编辑出版《新农村建设实用技术丛书》；二是以县、乡村干部和企业为读者群，着眼于新农村建设中迫切需要解决的重大问题，在新农村社区规划、农村住宅设计及新材料和节材节能技术、能源和资源高效利用、节水和给排水、农村生态修复、农产品加工保鲜、种植、养殖等方面，集成配套现有技术，编辑出版《新农村建设集成技术丛书》；三是以从事农村科技学习、研究、管理的学生、学者和管理干部等为读者群，着眼于农村科技的前沿领域，深入浅出地介绍相关科技领域的国内外研究现状和发展前景，编辑出版《新农村建设重大科技前沿丛书》。

该套丛书通俗易懂、图文并茂、深入浅出，凝结了一批权威专家、科技骨干和具有丰富实践经验的专业技术人员的心血和智慧，体现了科技界倾注"三农"，依靠科技推动新农村建设的信心和决心，必将为新农村建设做出新的贡献。

科学技术是第一生产力。《新农村建设系列科技丛书》的出版发行是顺应历史潮流，惠泽广大农民，落实新农村建设部署的重要措施之一。今后我们将进一步研究探索科技推进新农村建设的途径和措施，为广大科技人员投身于新农村建设提供更为广阔的空间和平台。"天下顺治在民富，天下和静在民乐，天下兴行在民趋于正。"让我们肩负起历史的使命，落实科学发展观，以科技创新和机制创新为动力，与时俱进、开拓进取，为社会主义新农村建设提供强大的支撑和不竭的动力。

中华人民共和国科学技术部副部长　刘燕华

2006 年 7 月 10 日于北京

目　录

一、常见果品贮运病害及其防治

（一）苹果贮运病害

1. 苹果青霉病、绿霉病

苹果青霉病、苹果绿霉病发生极为普遍，是苹果最严重的贮运病害之一。

（1）发病症状　果实上病斑为黄白色水渍状圆斑，与健康果肉有明显的边缘，表面凹陷，果肉软腐，呈圆锥状向果心扩展，又称"水烂"。条件适宜时发展迅速，发病后 10 余天全果即腐烂。接触传染快，空气潮湿时，病斑表面生出小瘤状霉粒，青霉菌初为白色，后变为蓝绿色，表面覆一层青色粉状物，此为病原菌的分生孢子，腐烂果有酒糟味和霉味；绿霉菌的分生孢子层为污绿色，并散发有芳香味。

（2）发病原因及条件　苹果青霉病病原菌为扩展青霉 *Penicillium expansum*（LK）Thom；苹果绿霉病病原菌是指状青霉 *Penicillium digitatum* Sacc.，两种病原菌均属于青霉属真菌。

青、绿霉病病原菌主要从刺伤、碰压伤、病虫伤等伤口侵入果实，极少数也能从皮孔、果实表面的自然裂纹、萼凹及果柄处入侵，只是发病较慢。生理病害引起的果实组织坏死部位也可能成为青霉菌的侵染部位。病菌分生孢子能抵抗不良环境条件，即使在 0℃ 条件下，分生孢子仍可萌发后侵染，并随气流散布，落到伤口上迅速萌发。菌丝体侵入果肉后，能分泌果胶酶分解细胞壁中胶层。果面无伤的果实一般不易受侵染。贮运期间主要是接触传播和震动传播。当冷库、窑洞等贮藏场所及贮运用工具和包装不能及时消毒，烂果、皮核不能及时清除时，就会使贮藏环境中孢子数量增多，从而增加侵染的机会。绿霉病在贮藏初期或后期库温较高时为害严重，冬季低温时则较少发生，青霉病正好相反。

（3）防治措施

①贮藏库处理：在果实入库前，要对贮藏场所进行消毒，以杀死场所中的病菌孢子。过去生产中常用的消毒方法为燃烧硫磺熏蒸法，但因二氧化硫对制冷设备、贮藏架等腐蚀性较强，国家农产品保鲜工程技术研究中心（天津）最近研制生产的高效库房消毒剂可作为硫磺的替代品，有消毒彻底，对金属腐蚀性小的特点。也可用4%的漂白粉溶液或1%的福尔马林水溶液喷洒库房。近年来使用的强氯精（一种含氯化合物），以10～20克/立方米进行库房熏蒸，也有很好的消毒杀菌效果。果品出库后要及时清理库房，对贮藏用具进行清洗消毒，并对整个贮库进行认真消毒处理。

②精细采收及运输：在采收、分级、包装和运输过程中，要尽量避免各种机械伤口。入库前要严格挑选，剔除各种病伤果，这是防止青霉病、绿霉病的最关键措施之一。

③采后防腐处理：果实采收后使用杀菌剂处理，对防治苹果青霉病、绿霉病有良好的作用。如苹果采后用500～1 000毫克/公斤的噻苯咪唑浸果，对青霉病、绿霉病的防治效果很好。用2-胺基丁烷（仲丁胺）熏蒸，当空气中浓度达100～200毫克/公斤时（以体积计），可防治苹果青霉病、绿霉病。贮藏期间，要经常保持库内清洁，并应定期检查，清除病果，防止病害蔓延。

从取得最佳防腐效果的角度出发，鉴于目前采后处理及浸泡设备不太完善，并容易使果实遭受机械损伤，因而采前1～2日在树上喷洒防腐剂的方法应优先选取，除1 000～2 500毫克/公斤噻苯咪唑可在树上喷洒使用外，用1%的过炭酸钠喷布树体，对防治青、绿霉病也有良好效果。

④采用机械冷藏或气调贮藏。

2. 苹果炭疽病

苹果炭疽病又称苦腐病。病原菌主要在生长季节侵染为害果实，果实贮运期间表现症状或继续发展扩大。

（1）发病症状　接近采收期受侵染的果实，常于贮藏前期出现症状。发病初期果面病斑呈针头状浅褐色小点，数量不定，随后逐渐发展成大小不一的褐色圆形凹斑。果肉软腐，呈圆锥状深入果肉，病组织味苦。病斑通常有同心轮纹，上生黑色小点状的分生孢子盘。潮湿条件下，其上产生橙红色、黏粒状的黏孢子团。多数病斑扩展连成大块不定形病疤，而使果实大部分发病腐烂。

（2）发病原因及条件　苹果炭疽病病原菌为 *Colletotrichum gloeosporioides* Penz., *Gloeosporium mangiferae* P. Henn. 是异名，属于刺盘孢属真菌。

北方果区，苹果炭疽病病菌主要在 7 月中、下旬侵染，果实近成熟时开始在树上发病，且越成熟越易发病。高温高湿和多雨年份病害更易流行。特别是 7、8 月果实近成熟时的多雨、高湿，更有利于病菌孢子的传播、萌发与入侵，最低发病温度为 3℃。病菌孢子发芽后可自皮孔或自角质层侵入，条件适宜时才发病，否则能潜伏到果实采后，在贮藏期发病。因而贮运期间的病果，均为在田间受侵染发病或未发病所带入的。

苹果的不同品种对炭疽病的感病性有较大差异，易染病的品种有：鸡冠、红玉、大国光、小国光、金冠等老品种。目前生产上的主栽品种如富士、红星、嘎拉等较抗炭疽病。

（3）防治措施　苹果炭疽病为潜伏侵染性病害，应以田间防治为主，加强果园的综合管理。具体措施如下。

①清除侵染源：以防治中心病株为重点，结合冬季修剪清除僵果，剪除病虫枝、干枯枝，集中深埋或烧毁；发芽前喷布 1 次

铲除剂，如波美5度石硫合剂、40%福美砷可湿粉剂50～100倍液；将生长季节发病果及时摘除深埋。

②加强栽培管理：合理密植和整形修剪，及时中耕除草，改善果园通风透光条件，降低果园湿度，合理施用氮、磷、钾肥，健全排灌设施，不使雨季积水。

③喷药保护：从生长前期（5月份）即开始药剂保护。常用药剂为50%退菌特600～800倍液和1:2～3:160～180倍波尔多液交替使用，发病严重的果园，每隔10天左右喷药一次。此外，用50%托布津可湿粉剂500倍液、50%多菌灵可湿粉剂1000倍液、75%百菌清可湿粉剂600倍液、64%杀毒矾600倍液、95%乙膦铝800倍液等防治效果均较好。还可在果实生长初期喷布无毒高脂膜200倍液，隔15天左右喷一次，连续5～6次，可保护果实免受炭疽病菌的侵染。

④果实套袋：果实套袋也可大大减少病害的发生。一般在5～6月生理落果后1个月内完成，套袋前可先喷一次波尔多液。

⑤采收及采后防治：适期无伤采收，采收后运输前严格挑选，剔除伤果、病果，采用仲丁胺100倍液浸果1分钟或入贮前用国家农产品保鲜工程技术研究中心研制生产的果蔬液体保鲜剂30倍液浸泡果实，可明显降低贮藏期间的发病率。此外，保持贮运温度为0～-1℃，也是控制病害发生的重要因素。

3. 苹果褐腐病

苹果褐腐病又名菌核病，是果实生长后期和贮运期间的主要病害之一，发生很普遍，条件合适时流行。

（1）发病症状　果实受害后，初期在果面出现浅褐色小环斑，随后迅速向四周扩展。在0℃下病菌仍可活动，在10℃下经10天左右，即可使整个果实腐烂，温度提高时腐烂更快。病果果肉松软，不表现多汁状软腐，而呈海绵状略有弹性，不堪食用。在后期病斑扩大腐烂过程中，其中央部分形成很多突起的、呈同心轮纹排列的、褐色或黄褐色绒球状菌丝团，这是苹果褐腐病的典型症状。

（2）发病原因及条件　苹果褐腐病病原菌为 *Monilinia fructigena*（Aderh. et Ruhl.）Honey，属于链盘菌属真菌。

病菌主要以菌丝和孢子在病果（僵果）上越冬，翌年形成的孢子借风雨传播，发病时间多在 8～9 月份，并有潜伏侵染的能力。病菌主要通过各种伤口入侵，贮运期间可接触传播或昆虫传播。病菌对温度适应性很强，但最适发病温度为 25℃，果实生长前期干旱而后期高温高湿或高温多雨，是造成病害流行的主要环境条件，果实生长期裂果也易发生褐腐病，果实接近成熟时为害严重。易染病的品种有大国光、小国光，贮藏的苹果应选择不易感染褐腐病的品种，如红星、富士等。

（3）防治措施

①加强果园管理：及时清除树下和地面的病果、落果，早春宜进行一次翻耕，以减少越冬菌源。

②采前处理：在病害盛发前喷施药剂，中熟品种在 7 月下旬及 8 月中旬，晚熟品种在 9 月上旬和下旬喷布 2 次 1：1：160～180 倍的波尔多液，500～700 毫克/公斤的苯莱特、托布津或多菌灵药液。

③采后防治：果实在入贮和运输前，一定要仔细挑选，剔除病伤果和虫果。贮藏库温度最好保持在 0～ -1℃，以控制病害的发生。其他防治措施可参考苹果炭疽病。

4. 苹果轮纹病

苹果轮纹病又称轮纹褐腐病。在黄河沿岸及以南地区，该病是苹果的主要贮藏病害。多发生在果实近成熟期或贮藏期。轮纹病菌的寄生范围很广，除苹果外，还能侵害梨、桃、杏、李等果实。

（1）发病症状　果实多在近成熟期和贮运期中发病。果实受害时，起初以皮孔为中心发生水浸状褐色斑点，病斑渐次扩大，表面呈暗红褐色，有清晰的同心轮纹。自病斑中心起表皮下逐渐产生散生的黑色点粒，即分生孢子器。在 25℃ 左右的温度下，一般果实染病后 3 ~ 5 天，即软化腐烂，往往从病部流出许多茶褐色的汁液，但果皮不凹陷，果形不变，这是与炭疽病区别之处。

（2）发病原因及条件　苹果轮纹病病原菌为 *Botryosphaeria beregeriana* de Not f. sp. *piricola*（Nose）Koganezawa et Sukuma，属葡萄座腔菌属真菌。

病原菌发育最适温度为 27℃，最高为 36℃，最低为 7℃。轮纹病菌多从皮孔、气孔侵入，以皮孔潜伏带菌率最高。菌丝或孢子在被害枝干上过冬，第二年春天恢复活动，下雨时将分生孢子散出，引起初次侵染，为害果实。孢子萌发和菌丝生长的适宜温度在 20℃ 以上，适宜的相对湿度在 75% 以上。病菌侵染的果实，内部生理生化指标会发生改变，当含糖量在 6% 以上，含酚量在 0.04% 以下时，潜伏菌丝才能从被抑制状态活化，迅速蔓延扩展，导致发病。所以病菌具有被抑侵染特性，它的潜伏期长达 65 ~ 120 天，但晚期受侵染的果实，其潜伏期仅 18 天左右。果实采收期是果实在园内的发病高峰。果实在近采收期被侵染者，一般贮藏 20 天后就大量发病。青香蕉品种最易感染轮纹病，其他品种如国光、元帅等品种亦易感染此病。

（3）防治措施

①加强栽培管理：合理肥水，增强树势，以提高植株的抵抗力。发芽前喷布 1 次 5 波美度石硫合剂，杀死附着在树体上的病菌。

②采前保护：从 5 月下旬开始至 8 月间，结合防治其他病虫害，喷布 3 ~ 5 次 160 ~ 200 倍波尔多液，保护树体，预防病菌侵入。

③采后防腐处理和适宜的贮藏条件：采收后用 1 000 ~ 2 500 毫克/公斤噻苯咪唑浸果，对轮纹病有一定防治效果。采用 0.02% 仲丁胺洗果处理，防治效果明显。研究表明，气调贮

藏可减轻苹果轮纹病的发生，适当提高 CO_2 浓度，苹果腐烂率会降低。

5. 苹果霉心病

苹果霉心病又称"心腐病"、"霉腐病"，为害严重者，果实在生长后期即可发病，但在外表不易辨认，通常在贮运期引起果实腐烂。

（1）发病症状 起初病菌以墨绿色霉状菌丝体在果实心室内存活，条件适宜时，果心则腐烂变褐，然后不规则地向果实外缘扩展。有时从果心一侧先腐烂，烂至果面，使果实局部先出现水浸状、褐色、不规则的霉腐病斑，外表首先表现褐色湿腐斑症状的部位通常是在梗洼，不久病斑连成一片，全果腐烂。

（2）发病原因及条件 苹果霉心病病原菌为 *Alternaria* spp.，属链格孢属真菌。

病菌越冬场所为树体芽内、病僵果和坏死组织，翌春开始传播，多从萼筒和梗洼处侵入，无明显的重点侵染时期。一般认为花期，尤其是开花前期，病菌侵染稍多于果实期。病菌具有被抑侵染特性，通常要到果实生长后期或者贮藏期才发病。

研究指出，萼心间组织存在孔口或裂缝、呈开放状且组织疏松的苹果品种，如红星、红冠等易感病；而萼心间组织无孔口或裂缝、呈封闭状且组织紧密的国光苹果品种不易感病；富士、金冠品种介于以上两者之间。

（3）防治措施 迄今为止，对霉心病的防治未提出十分有效的办法。生产实践表明，生长期间喷施杀菌剂，一般对该病防治无明显效果。北京农业大学（1986）采用 500 倍纤维素液加 50% 多菌灵1 000倍液，在7~8月喷布树体3~4次，发现对霉心病有一定的防治效果。贮藏期间保持适宜的低温和湿度，即使在 5℃的温度下，就可抑制霉心病的病斑扩展，尤其是向果肉的扩展会受到阻碍。

6. 苹果虎皮病

苹果虎皮病又称褐烫病，是苹果贮藏后期常发生的一种重要生理病害。据调查，每年在 4~5 月份市场上销售的苹果，病果率有时高达 30% 以上。

（1）发病症状　虎皮病的主要症状是果皮产生分散的、不规则的斑点。初期果皮呈不规则的浅黄色，后期为褐色至暗褐色，微凹陷。有些苹果品种的病部呈带状或片状，有些则为密集状病斑，严重时病斑连成大片如烫伤状，影响外观。此病一般仅发生于果皮表数层细胞，对果实风味品质无明显不良影响，但发病严重时，也能危及果肉细胞，病部深入果肉可达数毫米。

（2）发病原因及条件　目前普遍被接受的虎皮病的发病机理是：由于果实内 α-法尼烯的氧化产物共轭三烯积累所造成。并将虎皮病的发生人为分成四个阶段。①致病物质生成积累阶段。果实采后离开了树体，形成了独立的代谢体系，由于某些代谢途径的改变以及环境因子的影响，内源抗氧化剂会逐渐减少和消失，致使 α-法尼烯的生成开始启动，在贮藏前期大量生成，积累在果实表皮的蜡质层内。②虎皮病生理病变阶段。由于共轭三烯等致病物质在表皮中的大量积累，可能会引起数层表皮细胞代谢紊乱，有害物质在细胞内积累，酶系统和膜系统受到损伤，酚类物质氧化变色，这些变化可能发生在果实采后的 8~17 周，这段时间是虎皮病潜在的病理孕育时期。③虎皮病组织病变期。该期一些细胞器解体，细胞和组织发生褐变和坏死，该期大致在果实采后的 17~25 周。④虎皮病大量显现期。随着组织病变的发展，以及果实的衰老导致的抵抗能力的降低，虎皮病大量显现，该期大致在果实采后的 25~27 周。

虎皮病发生与多种因素有关。采收过早是虎皮病发病的重要原因；苹果从冷藏库出库后，放置温度不宜过高，否则易染此病。多雨年份和灌溉多的果园生产的果实易发病；过量施氮肥，树冠郁密，着色不良的果实发病较重。据报道，果实钙含量与虎皮病发生成负相关。

虎皮病发病部位以着色差的果实阴面较多，严重时也可扩展到阳面。因而，着色差或绿色品种对此病敏感，如国光、青香蕉、印度等品种易发病。

（3）防治措施

①果园管理：控制氮肥施入量，合理修剪使树冠通风透光，促进果实着色。生长季树体的水分供应状况与贮藏期间果实虎皮病发生有明显相关性。果实生长最后阶段越缺水，虎皮病的出现就越严重。所以应合理灌溉。

②适期采收是预防虎皮病的重要措施：适当晚采的果实发病率明显降低。

③控制贮藏条件：苹果采收后，尽快进入低温下贮运，可减轻后期虎皮病的发生；采用低氧贮藏、低乙烯贮藏或短期高 CO_2 处理，都对减低虎皮病发病率有良好效果；采用窑洞或其他简易贮藏场所时，应防止和控制贮藏后期温度大幅度升高，并注意贮库的通风换气；果实应适时出库，出库时应逐渐升温，避免果温骤变；控制适宜的贮藏温度，加强通风换气。

④化学物质或包装材料处理：a. 石蜡油纸包果。常用15%的石蜡油浸纸包果或将油纸条散放在果箱中，以吸收果实产生的 α-法尼烯。b. 采用乙氧基喹处理果实。乙氧基喹是常用的抗氧化剂。将果实在0.25% ~0.35%的药液中浸泡1分钟，晾干后装箱。也可用含有乙氧基喹的包果纸（每张纸含药2毫克）或在果箱的纸隔板上浸入药剂（每纸箱隔板含乙氧基喹约4克），都有防病效果。c. 有研究指出，用3 000毫克/公斤的丁基羟基茴香醚（BHA）作采后浸果处理，对防治虎皮病也有一定的效果，而且 BHA 是一种世界各国普遍使用的食品添加剂。d. BX-1型特种苹果保鲜纸，是采用保鲜剂、辅助剂和食用石蜡涂布加工而成，该保鲜纸既可减少果实水分蒸发，又可降低虎皮病的发病率。

7. 苹果苦痘病

苹果苦痘病又称苦陷病，是苹果成熟期和贮藏初期发生的一种生理病害。病果组织病变后具有一定的苦味，果皮有豆状斑点，因而得名苦痘病。

（1）发病症状　病果的皮下果肉组织首先变褐，有时果肉的深层部位也会出现小褐斑。病斑多环绕在果实萼端。病斑透过表皮呈绿色或褐色凹陷圆斑，直径约2～4毫米。病斑下果肉坏死干缩呈海绵状，去掉果皮后，在病部可以看到疏松的干组织，其味微苦。病斑在果实顶部分布较梗部为多，果实采收时外表症状一般不明显，采后和贮藏销售期间，病情将进一步发展。

（2）发病原因及条件　苦痘病是一种因缺钙引起的生理病害。化学成分分析表明，发病组织总灰分较高，钾、镁含量高而钙含量较低，总氮及蛋白质含量较高。苹果果皮下部及花萼端的钙浓度最低，这些部位最易感病。有资料报道，苹果有一个钙含量的最低临界值，即每100克果肉中约5毫克的含钙量，果实含钙量在这个临界值以上时发病就少。湛有光等（1989）研究认为，苦痘病的发生是氮、钙营养失调所致。当果实中氮钙比为10以下时不容易发病，氮钙比为10～30时则发病严重。当果实近成熟时，温暖气候和干旱时间长、果实采收太早、营养生长势强或修剪重、初结果树上的果实、果个大的果实、氮肥使用过多和排水不良的果园所产的果实，发病均较重。采后延迟冷却、缓慢冷却和贮藏温度过高亦有利于此病发生。

国光、赤阳、青香蕉等品种上发病较多，在其他品种上发病较少。

（3）防治措施

①综合农业技术管理，促进树体对钙的吸收利用：多施有机肥，适当控制氮素化肥的施用量，合理整形修剪，防止枝条徒长，保持树势中庸，克服大小年结果现象。苹果在盛花后的4～5周内，是树体对钙吸收的一个关键时期，果实中大约90%的钙

都在此时期内积累,称为钙吸收临界期。此期以后,除通风透光良好的树体上的果实,还能继续吸收一些外,钙进入果实很少。以后随果实不断增大,果肉中的含钙量相对下降,果实越大,单位重量的果肉钙含量越低。因此,在果实发育前期(花后4~5周),可通过合理的土肥水管理,促进新根发育,提高树体对钙的吸收利用。

②根外喷施钙肥:盛花期至采收期间,用0.5%氯化钙或0.8%硝酸钙对植株进行喷洒,每隔2~3周1次,一共喷3~4次。气温较高时,应适当降低浓度,以免发生药害。钙肥喷施在叶片上虽能被吸收,但不易转移到果实中,因而喷洒到果实上可起到更好的效果。果树盛花后6~8周,因果实已发育到一定大小,接受钙的表面积比临界期前大为增加,因而喷钙效果也较好。

③采后用约3%~4%氯化钙水溶液浸泡处理果实,也能增加果实中的钙含量,但这种方法适宜在苹果闭萼品种上采用,萼筒开放的品种,由于氯化钙易进入果心,常引起药害。

8. 苹果水心病

苹果水心病又称蜜病,是苹果果肉呈现水渍状、病部果肉质地变硬的一种生理病害。

(1)发病症状 果肉组织的细胞间隙充满细胞液而呈水渍状,果肉质地较坚硬且呈半透明态。通常病部出现在果心及其附近组织,但也有发生在果实维管束四周和果肉的其他部位的。根据组织损伤的程度,可人为地分为轻微、中等、严重三个等级。仅仅是少部分果肉损伤,在外表不显现症状的为轻微水心病,如果水渍状斑一直扩展到果面,整个果肉组织都受到损伤的为严重水心病。

(2)发病原因及条件 近年来的研究表明,水心病的发生是由于果肉细胞间隙中积累了大量的山梨糖醇汁液所致。山梨糖醇是叶片光合作用的产物之一,在正常情况下山梨糖醇进入果实后在山梨糖醇脱氢酶的作用下即转变为果糖，并不积累。有研究认为，如果果实中含钙量低，会影响山梨糖醇的脱氢酶的活性，导致山梨糖醇在细胞间隙的积累。因而，水心病可能是钙、氮不平衡而引起的生理病害。

施肥试验证明，单独施用氮肥，特别是单施铵态氮肥的果园发病率高，这可能是铵态氮抑制了钙的吸收，间接地促发了水心病；随硼肥使用量增加，水心病增加；在施氮的基础上，增施磷肥可显著减轻发病；施用含硝态氮 13.7%、五氧化二磷 9.5%、氧化钾 9.2% 的复合肥，发病率有所减少，推测还可能是由于复合肥改善了树体对钙素的吸收、运转和分配。有调查认为，灌溉次数少而缺水的果园发病率高，水分供应充足可防止水心病的发生。生产实践表明，果实的采收成熟度与水心病的严重程度呈正相关，光照充足的地区（如黄土高原和秦岭高地），甚至树体上光照良好的部位所生产的果实均有发病多的趋势。

果实病变部位因品种不同而变化，秦冠品种在果核周围发病后，向阳面扩展至果皮。而富士、新红星等品种主要在果心附近发病，不向果实表皮扩展。采收时间过晚发病也重，果个大的重于果个小的，树冠向阳面果实发病比背阳面果实严重；未套袋栽培的果实比套袋的果实发病重。

苹果品种中，国光、金冠、旭品种很少发病。

（3）防治措施　针对性地做好土肥水管理，适当提前采收，在采收前 1 个半月，树体喷施 0.3% 的氯化钙溶液，均有减轻水心病的效果。

9. 苹果低温冷害

（1）发病症状　某些苹果品种，如红玉、玉霞、花嫁、旭、秋金星等，贮藏在 0～1℃ 下，有时会发生冷害。表现为苹果果心周围变褐，果肉颜色比衰老褐变的为深，坚硬有水分，不发绵，在花托中部呈带状分布，外部不显症状，在贮藏期认为是健全的果实，出库后症状很快就显现出来。旭苹果在贮藏期发病早，秋金星苹果发病较晚。

（2）发病原因及条件　低温伤害在2℃以下时发病较重，但3.3℃下很少发病。贮藏中二氧化碳积累有利于发病。Fidler（1972）报道，在阴雨多湿的天气里生长的苹果在呼吸跃变期中发病最严重。Halme 等（1964）认为低温伤害与草酰乙酸的积累有关，果温升高，可阻止草酰乙酸的积累和防止低温伤害。澳大利亚的学者也报道乙酸的积累是造成低温伤害的原因。WillS 等（1968）指出红玉苹果在5℃和10℃时不积累乙酸，也不发病，而在 -1℃时乙酸含量最高，发病最重。Faust 等（1969）提到低温伤害积累的是草酰乙酸，衰败病积累的是乙醛，蜜病积累的是山梨糖醇，二氧化碳中毒时积累的是琥珀酸。Derrin（1968）发现苹果中磷、钾及镁含量较高时，低温伤害发生较轻。

（3）防治措施　在2~4℃下贮藏，可有效控制低温伤害的发生。Will 等（1969）报道，如果在低温下（-1.1~0℃）贮藏14周后再在20℃下放置3天，而后再用低温贮藏，可减轻低温伤害。有报道认为，用1 800毫克/公斤的赤霉酸水溶液浸果或用蜡乳剂浸果都能减轻低温伤害。

10. 苹果高二氧化碳伤害

（1）发病症状　高浓度二氧化碳可对苹果果实造成伤害。伤害可能在果实内部发生，称为内部二氧化碳伤害，如国光、青香蕉苹果，在果肉或果心部位呈现小块的褐变现象，以后逐渐扩大，进一步发展，病变组织的水分很易向附近组织转移，以致最后出现空腔，严重时果肉发苦，病变也可能扩展到果皮，即果皮上出现褐斑，最后果皮全部变褐，并呈现皱折。有时病变先从果皮发生，称为外部二氧化碳伤害。例如，旭苹果果皮首先变为黄褐色，然后深陷，果皮变粗糙且起皱纹。贮藏后期受伤组织变为褐色，最后几乎呈黑色。

（2）发病原因及条件　高二氧化碳伤害的发生情况和部位，与品种、成熟度、气体成分、贮藏温度等因素有关。国光苹果在氧2%~4%、二氧化碳6%以上长时间贮藏，会受到高二氧化碳伤害；但当氧浓度提高到10%时，二氧化碳仍为6%，则不会发生伤害。红富士苹果对二氧化碳敏感，成熟度高的果实，对二氧化碳更敏感，其伤害主要在果心部位；未成熟果实，二氧化碳伤害主要表现在表皮，这主要是因为未成熟果实表皮保护组织发育不全的原因。贮藏温度越低，高二氧化碳伤害越重。所以，红富士苹果气调贮藏时，建议贮藏温度稍高于普通冷藏的温度。一般氧浓度降低，则加重二氧化碳伤害。

（3）防治措施　防止高二氧化碳伤害，要注意贮藏环境中气体成分的控制，及时测定和调整气体浓度。对于绝大部分苹果品种，采用标准气调贮藏时，氧和二氧化碳浓度都控制在3%；采用双变气调贮藏时，氧2%~3%，二氧化碳6%以下。对于富士苹果，在0℃左右的温度下贮藏，生产中一般掌握二氧化碳浓度不超过2%，同时注意不要过晚采收或延迟入贮时间。

（二）梨贮运病害

1. 梨褐腐病

梨褐腐病发生在梨果近成熟期和产后。在北方各梨区常有发生，有些果园发病率可达10%~20%，该病还可在苹果、桃、杏、李等核果类果实上发生。

（1）发病症状。褐腐病只为害果实。初期为浅褐色软腐斑点，以后迅速扩大，几天后可使全果腐烂。病果褐色，失水后，软而有韧性。后期围绕病斑中心逐渐形成同心轮状排列的灰白色到灰褐色、2~3毫米大小的绒状菌丝团，这是褐腐病的特征。病果有一种特殊香味，多数落果，少数也可挂在树上干缩成黑色僵果。

（2）发病原因及条件参考苹果褐腐病。

（3）防治措施参考苹果褐腐病。

2. 梨轮纹病

梨轮纹病又称水烂，是梨上的主要病害之一，严重地区病果率可高达70%～80%。主要发生在软肉型果实上，即沙梨系统和秋子梨系统的梨。

（1）发病症状　果实发病初期以皮孔为中心，发生水渍状浅褐色至深褐色圆形坏死斑，逐渐扩大并有同心轮纹，病果很易腐烂直达果心。病部组织软腐，但不凹陷，染病后期从病斑中心起逐渐产生许多散乱突起的黑色小颗粒（分生孢子器），使病部呈灰黑色。一个果实上通常有1～2个或多个病斑，病斑直径一般为2～5厘米。在鸭梨上采前很少发生，多数在采后7～25天出现。

（2）发病原因及条件　病原菌的无性时期为轮纹大茎点菌 *Macrophoma kawatsukai* Hara，属半知菌亚门腔孢纲球壳孢目。

病菌以菌丝休、分生孢子及子囊壳在病枝、病果、病叶等病组织上过冬。翌年，有明显的孢子散布高峰期，分生孢子借风雨传播，落在果实上，从皮孔侵入。病菌具有被抑侵染特性，潜伏期较长。虽然病菌自幼果期至采收期均可入侵，但一般到果实迅速膨大、糖分转化期才发病，越接近成熟，发病越快。多在接近成熟期或采收后7～25天内表现症状，少数病果可在采收后30～40天才出现症状。干旱年份发病较少，温暖多雨年份发病严重。

不同种类和品种的梨染病能力不同。沙梨系统的梨一般比白梨系统的梨更容易发病。在白梨系统中，以鸭梨、雪花梨、蜜梨、砀山酥梨等易发病。品种间抗病力的差异与品种皮孔的大小、多少以及组织的结构有关。

（3）防治措施

①加强果园管理：轮纹菌是一种弱寄生菌，当植株生活力旺盛时，发病显著减轻，甚至不发病。故栽培期间应清理树体和果园，消灭初侵染菌源；加强肥水管理，合理疏花疏果，提高树体抗病能力；合理施肥，增施有机肥，强调氮、磷、钾肥料的合理

配合使用。

②果实套袋：疏果后先喷一次1 000倍的甲基托布津，而后套上专用的梨果实袋，对防止梨轮纹病的为害有良好的效果。

③采前喷药或采后处理：表现症状以前，病菌多数已经在梨皮孔或皮孔附近潜伏，结合防治梨黑星病，采收前20天左右喷1次内吸性杀菌剂，或采收后使用内吸性药剂处理果实，以降低贮藏期的烂果率。50%多菌灵可湿性粉剂800倍液、80%乙膦铝可湿性粉剂800倍液、可用于采前喷药；仲丁胺200倍液浸果10分钟，可用于采后处理，并可预防其他贮藏期病害。

④贮藏条件：低温贮藏可抑制轮纹病发病，0～5℃下贮藏，可基本控制轮纹病的扩展。

3. 梨黑斑病

梨黑斑病是梨树的重要病害之一，在我国分布普遍，各个梨产区都有发生。近年来，江苏南部、浙江、上海和广东等地发生较多。

（1）发病症状　梨黑斑病主要为害果实、叶片及新梢。幼果受害，起初在果面上产生1个至数个黑色圆形针头大的斑点，逐渐扩大呈近圆形或椭圆形，病斑略凹陷，表面遍生黑霉。由于病健部发育上的差异，果实长大时，果面会发生龟裂，裂隙可深达果心，在裂缝内也会产生很多黑霉，病果往往早落。成果受害时，其前期症状与幼果相似，但病斑较大，黑褐色，后期果实软化，腐败脱落。有时表面微显同心轮纹。受害严重的果实，常由几个病斑合并成为1个大病斑，甚至使全果呈漆黑色，表面密生黑绿色至黑色的霉。在贮运期果实易遭腐生菌二次侵染，使果实腐烂更严重。西洋梨多在果实基部发病，果梗染病后产生黑色不规则斑点，使果实早落。

（2）发病原因及条件　梨黑斑病病原菌为 *Alternaria kikuchiana* Tanaka，异名 *A. alternata*（Fr.）Keissl.，属链格孢属真菌。

病菌以分生孢子及菌丝体在病枝梢、病芽、芽鳞、病叶、病果上越冬。翌年春天产生分生孢子，借风雨传播。分生孢子在湿度适宜时萌发，穿破寄主表皮，或经过气孔、皮孔侵入寄主组织，引起初次侵染。以后新老病斑上又不断产生新的分生孢子而发生再侵染。幼果和成熟果上均可发生。成果受害时，往往病斑较大，黑褐色，有时表面微显同心轮纹，被害严重的果实，常由几个病斑愈合成大斑表面生黑霉状子实体。

一般年份当平均气温为 13～15℃时，叶片开始出现病斑，雨水期病斑急剧增加。

温度和降雨量与病害的发生与发展关系极为密切。分生孢子萌发的最适温度为25～27℃，在 30℃ 以上或 20℃ 以下则萌发不良。分生孢子的形成、萌发与侵入，除温度条件外，还需要有雨水。因此，如气温在24～28℃，同时连续阴雨，有利于黑斑病的发生与蔓延。如气温达到 30℃ 以上，并连续晴天，则病害停止扩展。在贮藏环境中，潜伏的病菌在湿度较大、温度偏高时诱发病害发生。

红梨、粗皮梨、苹果梨以及日本梨、西洋梨系统的梨比较容易感染梨黑斑病，受害较为严重。如浙江梨区的二十世纪梨，由梨黑斑病的为害造成大量裂果和早期落果，病果率达90%以上。发病严重的地区，应避免发展二十世纪品种，可选栽黄蜜、晚三吉、菊水、今村秋和铁头等抗病性较强的品种。

（3）防治措施

①做好清园工作：在梨树萌发前做好清园工作，剪除有病枝梢，清除果园内的落叶、落果，集中深埋或烧毁，消灭越冬菌源。

②加强栽培管理：各地根据具体情况，可在果园内间作绿肥，或增施有机肥料，促使植株生长健壮，增强抵抗力，减轻发病。对于地势低洼、排水不良的果园，应做好开沟排水工作。历年黑斑病发生严重的梨园，冬季修剪要重，增加树冠间的通风透光，也可大量剪除病梢，减少病菌来源。

③果实套袋：套袋可以保护果实，免受病菌侵害，套袋一般从盛花后40~60天内进行。由于黑斑病菌芽管能穿透纸袋侵害果实，所以用旧报纸做纸袋，防治效果不大。根据上海市农科院近年来试验，普通纸袋外涂一层桐油，晾干后成桐油纸袋，防治梨黑斑病的效果很好。

④药剂防治：在梨树发芽前，喷1次5波美度石硫合剂，杀死枝干上的越冬病菌。生长期由于此病为害持续期较长，喷药的次数要多一些，一般在落花后至梅雨期结束前，即在4月下旬至7月上旬，都要喷药保护。喷药间隔期为10天左右，共喷7~8次。药剂可用1：2：160~200波尔多液，50%退菌特可湿性粉剂600~800倍液，50%代森铵1 000倍液，65%代森锌可湿性粉剂500倍液。发病严重的果园，在开花前和落花后可喷布10%多氧霉素可湿性粉剂1 000~1 500倍液。但用此药1年不能超过3次，以免产生耐药性，降低防治效果。

⑤药剂浸果：采收后的果实，可用内吸性杀菌剂处理，例如，用50%扑海因1 500倍液浸果10分钟，可有效防止黑斑病的发生。

⑥低温贮藏：采用适宜的低温贮藏，可以抑制黑斑病的发展。

4. 梨青、绿霉病

（1）发病症状　发病初期在果面伤口处，产生淡黄褐色小病斑，扩大后病组织呈水渍状软腐，呈圆锥形向心室腐烂，并有刺鼻的发霉气味。温度适宜时全果很快腐烂呈烂泥状。发病部位长出绿色霉状物。

（2）发病原因及条件　梨青、绿霉病的病原菌与苹果相同。青霉菌在自然界广泛存在，大多数经梨果的伤口处侵入。果实衰老、贮藏温度较高时病情发展更快。

（3）防治措施

①避免机械伤。采收、包装、运输和贮藏等各个环节，都应

尽力防止产生机械伤，以减少病菌侵入机会，并严格剔除病伤果。

②贮藏场所应彻底消毒灭菌。

③采后可用仲丁胺和特克多浸果。

④贮藏期间应保持适当的低温。

5. 梨果柄基腐病

（1）发病症状　梨果柄基腐病，就是从果柄基部开始腐烂发病。通常又分为3种类型：

①水烂型：开始在果柄基部产生淡褐色、水渍状溃烂斑，很快使全果腐烂。

②褐腐型：从果柄基部开始产生褐色溃烂腐斑，往果面扩展腐烂，烂果速度较水烂型慢。

③黑腐型：果病基部开始产生黑色腐烂病斑，往果面扩展，烂果速度较褐腐型慢。

（2）发病原因及条件　梨果柄基腐病主要由交链孢菌 *Alternaria citri* Ell et. pierce、小穴壳菌 *Dothiorella*、束梗孢菌等真菌复合侵染，造成果实发病。发病后一些腐生性较强的霉菌，如根霉菌等进一步腐生，促使果实腐烂。采收时或采后摇动果柄造成内伤，是诱发致病的主要原因。贮藏期果柄失水干枯往往会加重发病。

（3）防治措施

①防止内伤：采收时或采后尽量不摇动果柄，防止内伤发生。

②贮藏条件：贮藏库的相对湿度应保持在90%～95%，防止果柄干燥枯死，减少发病率。

③采后处理：采后用 1 000～2 500 毫克/公斤的特克多溶液洗果，有一定防治效果。

6. 鸭梨黑心病

鸭梨黑心病属于贮藏期发生的一种生理病害，在我国鸭梨主要产区均有不同程度的发生。

（1）发病症状　病变初期，可在果心外皮上出现褐色斑块，待褐色逐步扩展到整个果心时，果肉部分会呈现界线不分明的褐变，病果的风味也会变劣，严重时甚至不堪食用。这种果心的逐步褐变（通常称黑心），在外表上通常观察不到症状。

（2）发病原因及条件　鸭梨黑心病的病因比较复杂。中国科学院植物所和北京果品公司研究认为，鸭梨采后如立即贮于0℃左右的冷库中，由于温度的急剧变化，会引起低温生理伤害造成黑心。霍君生等（1995）研究指出，急速降温处理导致果心细胞膜脂质过氧化作用加剧，同时造成细胞内膜流动性下降，从而使细胞膜系统组分及功能发生变化，导致细胞中区域化分布被打破，引起果实组织褐变。鞠志国等（1994）对急降温条件下鸭梨、雪花梨果心褐变的比较研究也指出，贮藏60天后，褐变严重的鸭梨果心细胞内积累的过氧化氢和丙二醛较多，但超氧化物歧化酶（SOD）和过氧化氢酶（CAT）活性低于雪花梨。对鸭梨果实中酶活性测定也表明，果心变褐的鸭梨多酚氧化酶活性增高，推测该酶是促进果心及果肉组织发生氧化褐变的主要酶。龚云池等（1986）研究认为，缺钙和氮钙比的加大是影响鸭梨黑心病的主要原因。也有人认为鸭梨黑心与高二氧化碳伤害有关。

根据贮藏期间发病的早晚鸭梨黑心病可分为两种类型，一种是前期黑心病，多发生在入库后30～50天内，果心发生不同程度的褐变，但果肉大部分仍为白色。前期黑心在机械冷库贮藏时容易发生，初步认为是与冷害有关。另一种是后期黑心病，贮藏到次年2～3月份时发生，果心变褐，果皮色深暗淡，果肉组织松散。后期黑心病通常发生在土窑洞贮藏条件下，雪花梨、慈梨、长把梨等常表现后期黑心，果心呈黑褐色或果肉呈红褐色。初步认为后期黑心可能与果实的自然衰老有关。

（3）预防措施

①加强果园管理：鸭梨生长前期肥水要充足，以有机肥和复合肥为主，促使树体健康生长。生长后期忌用大量氮肥，并控制灌水量。

②施用生长调节剂：开花后第2、4、6周及采前20天、10天喷0.3%的氯化钙，可明显减轻发病。田间喷布赤霉素或萘乙酸等生长调节剂，有减少黑心病发病的趋势。增加果实中的钙含量的采前或采后措施，亦可减轻黑心病的发生。

③适时或适当提前采收：适当提早采收，有利于防止黑心病的发生。据调查，河北鸭梨产区，将原来的9月15日左右采收提前到9月5日采收的果实，黑心病的发生可明显减轻。在河北沧州、石家庄地区，如果采用通风库贮藏的鸭梨，应于9月中旬采收；采用冷库贮藏的鸭梨应9月中旬前采收。

④及时入库，梯度缓慢降温：鸭梨采收后应及时入库，并进行缓慢降温。据报道，先将鸭梨在14～15℃下存放1～2周，然后以每天下降0.5～1℃的速度使库温逐渐达到0℃，鸭梨黑心病就可减少或避免。

⑤控制贮藏条件：梯度降温达到鸭梨所需要的贮藏温度0～1℃后，应将库温稳定在这个范围内，这样可以延缓果实衰老，减轻梨果后期黑心病的发生。

7. 鸭梨黑皮病

鸭梨黑皮病是鸭梨贮藏中后期出现的一种严重的生理病害。往往在出库后货架期大量表现。

（1）发病症状　病果果皮出现黑褐色斑块，严重时连成片状，甚至蔓延到整个果面，而皮下的果肉却正常，不发生褐变，基本不影响食用。但商品价值大大降低。

（2）发病原因及条件　贮藏温度过高或过低、采摘过早、二氧化碳浓度过高等都会加重黑皮病的发生。采收运输过程中的机械损伤、雨量、气候等也对鸭梨黑皮病有很大影响。目前研究认为，鸭梨黑皮病的发病也与果皮中 α-法尼烯的氧化产物共轭三烯的积累有显著相关性。因而预防虎皮病发生的方法大都适用于预防鸭梨黑皮病的发生。

（3）防治措施

①果实套袋：田间对树上果实进行单果套袋，可有效防止黑皮病的发生。

②采收及贮藏管理：适时采收，贮藏时要调整码垛形式，加大通风，适时倒垛。控制贮藏环境中的二氧化碳浓度，维持适宜的贮藏温度和湿度。

③鸭梨保鲜纸包果：采用加入抗氧化剂的保鲜纸单包果，或用3 000～4 000毫克/公斤乙氧基喹喷布包果纸包果，是防止黑皮病、延长货架期的有效途径。

④其他方法：可参照苹果虎皮病的预防措施。

8. 梨高二氧化碳伤害

（1）发病症状　梨果遭受二氧化碳伤害后，心室变褐色或黑色，严重时形成水烂病斑，使心壁溃烂，继而引起果肉腐烂。有的果肉组织呈蜂窝状褐色病变，组织坏死，果实重量减轻，弹敲时有空闷声。

（2）发病原因及条件　梨果采后含水量较高，果实内部生理活性很旺盛，与苹果相比，梨对二氧化碳更为敏感。如果贮藏环境二氧化碳浓度过高，梨组织中产生大量的乙醇、琥珀酸、乙醛等，果实表现出二氧化碳中毒症状。

（3）防治措施　梨气调贮藏时，要注意气体指标和影响二氧化碳伤害的其他因子。一般认为，梨在贮藏时二氧化碳浓度应控制在1%以下。

（三）葡萄贮运病害

近年来，北方葡萄产区的田间病害以霜霉病、黑痘病、白腐病等为主。葡萄采后在低温下贮运时的主要病害以灰霉病、青绿霉和褐腐病为主。

1. 葡萄灰霉病

葡萄灰霉病是葡萄采收期及贮运期的常见病害。条件适宜时，很快造成葡萄大量霉烂腐败，是目前影响葡萄贮运的主要问题之一。

（1）发病症状　初期病果呈水渍状凹陷小斑，用很小的推压力，侵染点果皮即脱离染病部位，把内部组织暴露在外面，这是灰霉菌侵染的"脱皮"阶段，为葡萄早期侵染灰霉病的特征。以后迅速扩大，致使全果腐烂，在病果上长出鼠灰色霉状物，果柄受害后变黑。

（2）发病原因及条件　病原菌为灰葡萄孢霉 *Botrytis cinerea* Pers.，属于灰葡萄孢属真菌。

病菌的分生孢子广泛存在于果库、用具及空气中，并通过气流进行传播，进行多次的再侵染，可通过伤口、也可通过未破损的果皮而侵入果实。分生孢子形成的最适宜温度为23℃，萌发的最低温度为 −2℃，最适温度为18℃。孢子只能在90%以上的相对湿度下萌发。因此，采收期气候凉爽、多雨或高湿易使病害大发生。该病菌具有较强的潜伏侵染能力，葡萄生长后期（上色期）侵染的病原菌，可潜伏到贮运期发病。冷库贮藏期间，虽然库温可控制在0～−1℃，但果箱和果堆内的温度如果管理不当也会升高，当湿度适宜时，灰霉菌仍会大量繁殖。

不同种类和品种的葡萄抵抗灰霉病的能力不同，红加利亚、尼加拉、黑罕、黑大粒等品种的葡萄抗病性较强，而红地球、巨峰、秋黑、新玫瑰等品种抗病性较差。

（3）防治措施

①加强果园综合管理：做好清园是最重要的无公害防病栽培技术，应以预防为主，进行合理用药。以红地球为例，田间防治灰霉病的关键时期为：a. 花序分离期。防止因灰霉菌侵染而造

成穗轴软烂。b. 浆果上色期。防止灰霉菌侵染果实，而在果实成熟或贮运期间发病。

②注意采收工作：采收宜在晴天进行，并注意减少各种损伤。

③药剂处理：葡萄贮藏中存在的主要问题是腐烂，其次是干梗和脱粒。为使贮藏的葡萄保持一定的新鲜程度，减免脱粒，葡萄一般宜贮藏在 95% 以上的相对湿度下，这样又容易引起灰霉菌滋生，造成腐烂。为克服两方面的矛盾，既要求在库内维持较高的相对湿度，又必须采用必要的防腐措施，阻止真菌繁殖。迄至目前，国内外用于葡萄防腐保鲜的主要保鲜剂仍是二氧化硫或能够产生二氧化硫的化学制剂，因为二氧化硫对葡萄上常见的真菌病害灰霉菌有强烈的抑制作用。具体使用方法有以下几种：

a. 二氧化硫气体熏蒸法。将采后的葡萄经挑选、装箱码垛后，罩入厚度为 0.12 毫米以上的聚乙烯薄膜大帐中，从钢瓶中直接放出二氧化硫气体进入大帐，初次以 0.5%（体积比）的浓度熏蒸 20 分钟，可杀死果实及所属环境中大多数真菌孢子，但不一定杀死早期侵染的病原菌。贮藏期间每隔 2～4 周，用 0.25%（体积比）的二氧化硫熏蒸 20 分钟。如无瓶装的二氧化硫气体，亦可使用燃烧硫磺生成二氧化硫，以每立方米空隙容积用硫磺 2～3 克计算硫磺用量，熏蒸时间同上。

b. 使用葡萄专用保鲜剂。以国家农产品保鲜工程技术研究中心研制生产的绿达牌葡萄专用保鲜剂市场占有率最高，保鲜效果稳定可靠，并通过了农业部绿色食品发展中心的认定，确定为绿色食品生产资料。对于龙眼、巨峰和玫瑰香等较耐二氧化硫的葡萄品种，葡萄专用保鲜剂的使用量为 0.2%。生产中使用的方法为：将快速预冷到 0～1℃ 的葡萄，装入垫衬 0.025～0.03 毫米厚聚乙烯薄膜袋的果箱内，每袋装果 5 公斤，每公斤葡萄用 4 片保鲜剂（每片约 0.5 克），紧扎袋口，码好果箱，在 0～-1℃ 贮藏。

c. 其他药剂防腐。仲丁胺用于葡萄防腐保鲜，也有比较好的效果。如采用熏蒸法，通常每千克果实用0.2~0.25毫升的仲丁胺原液，克霉灵需加倍，也可用300倍仲丁胺溶液、200倍保果灵溶液或1 000毫克/公斤的特克多溶液浸泡果穗2分钟。但是仲丁胺对葡萄的防腐效果，不如二氧化硫或能产生二氧化硫的制剂稳定。

d. 采前防腐保鲜剂。为使保鲜效果更加可靠，或减少多雨年份浆果的带菌量，避免果实贮藏后不久（一般不到1个月）就开始发霉腐烂，国家保鲜中心近年来提倡使用葡萄采前液体防腐保鲜剂，在果实采前1~2天进行喷洒，使果实表面均匀沾着。实践证明，这种方法对增加多雨年份带菌量高的葡萄的贮藏时间和贮藏质量，十分有效。

2. 葡萄炭疽病

葡萄炭疽病，又名晚腐病、苦腐病，在我国各葡萄产区发生较为普遍，为害果实较重，在南方高温多雨的地区，早春也可引起葡萄花穗腐烂。

（1）发病症状　果实受侵染后，一般在转色成熟期才陆续表现症状。病斑多见于果实的中下部，初期为圆形或不规则形、水渍状、淡褐色或紫色小斑点，以后病斑逐渐扩大，直径可达8~15毫米，并转变为黑褐色或黑色，果皮腐烂并明显凹陷，边缘皱缩呈轮纹状。病、健组织交界处有僵硬感。空气潮湿时，病斑上可见到橙红色黏稠状小点，为病菌的有性阶段子囊壳。发病严重时，病斑可扩展至半个以至整个果面，或数个病斑相联引起果实腐烂。腐烂的病果易脱落。

（2）发病原因及条件　病原菌无性阶段为果生盘长孢菌 *Gloeosporium fructigenum* Berk. 和葡萄刺盘孢菌 *Colletotrichum ampelinum* Cav. 。

病菌主要以菌丝体在一年生枝蔓表层组织及病果上越冬，或在叶痕、穗梗及节部等处越冬。翌春环境条件适宜时，产生大量的分生孢子，通过风雨、昆虫传到果穗上，引起初次侵染。潜育期的长短除温度影响外，与果实内含酸量有关，含酸量高病菌不能发育，也不能形成病斑；硬核期以前的果实及近成熟期含酸量减少的果实上，病菌能活动并形成病斑；成熟果含酸减少，含糖量增加，适宜病菌发育，潜育期短。所以在一般年份，病害从6月中旬开始发生，以后逐渐增多，7、8月间果实成熟时，病害进入盛发期。

病菌产生孢子需要一定的温度和雨量。孢子产生最适温度为28～30℃，在此温度下经24小时即出现孢子堆。15℃以下也可产生孢子，但所需时间较长。华北地区6月中、下旬的温度已能满足孢子产生的需要，若在这时期日降雨量在15～30毫米，田间即可出现病菌的孢子，以后陆续降雨，孢子也不断出现。葡萄成熟期高温多雨常导致病害的流行。

一般而言，果皮薄的品种发病较重，早熟品种发病较轻，晚熟品种发病较重。发病较重的品种有：红地球、里查马特、无核白、玫瑰香等。感病较轻的品种有：黑虎香、意大利、加里酿、烟台紫、蜜紫、巴柯、小红玫瑰、巴米特、水晶和紫配色、枸叶、巨峰、黑奥林、早生高墨、红富士、龙宝等。近些年来，我国南方发展的一些葡萄品种中，吉丰8号、吉香和白玫瑰最易感病；吉丰17、吉丰14吉、吉丰12等品种感病性中等；抗性品种有康拜尔、牡丹红、玫瑰露、先锋、黑潮、贝粒玫瑰、吉丰18等。欧亚种的葡萄，因为感病较重，在南方不适宜种植。

（3）防治措施

①搞好清园工作：结合修剪消除留在植株上的副梢、穗梗、僵果、卷须等，并把落于地面上的果穗、残蔓、枯叶等彻底清除，集中烧毁，以减少果园内病菌来源。

②加强栽培管理：生长期要及时摘心，及时绑蔓，使果园通风透光良好，轻发病。同时须及时摘除副梢，防止树冠过于郁闭，造成病害的发生和蔓延。注意合理施肥，氮、磷、钾应适当配合，增施钾肥，以提高植株的抗病力。雨后要搞好果园的排水

工作，防止园内积水。对一些高度感病品种或严重发病的地区，可以在幼果期采用套袋方法防病。

③喷药保护：为预防炭疽病和其他多数田间病害的发生，对年降雨量在 500 毫米左右的地区，可参考如下的用药方案：除在葡萄植株萌芽前喷洒 1 次 5 波美度的石硫合剂外（如果出土时已萌动，可改喷 3 波美度的石硫合剂），应在植株萌芽后开花前的三叶平展期就进行，既防炭疽病又防黑痘病，可采用 600 倍的科博进行保护性防治。第 2 次用药应在开花前的花序分离期，一般可喷洒 600 倍的多菌灵。第 3 次用药应在幼果期，可喷洒 600 倍的必备或 600 倍的百菌清。第 4 次用药是在果实套袋前，该次用药一定需喷洒仔细，因为浆果套袋后，以后的打药主要是保护叶片，而果实将很长时间不接触药剂，当然这也是套袋为减少农药残留的主要目的。该次用药可采用甲基托布津（不含硫成分）或特克多，为使果实对药剂沾着均匀，可在药液中加千分之一的吐温-80。第 5 次用药应在果实上色前，可喷洒 180～200 倍半量式波尔多液。如果在果实发育成熟期间，遇到风雨或冰雹的侵袭，应马上喷洒甲基托布津，以防治病菌通过伤口侵入。最后一次用药是在果实采后，喷洒 200 倍等量式波尔多液加千分之二的磷酸二氢钾。下架后埋土前再喷洒石硫合剂。

④采后防腐处理：参考葡萄灰霉病。

3. 葡萄毛霉病

葡萄毛霉病是葡萄贮运期间的病害之一，湿度大，温度适宜时也可造成一定损失。

（1）发病症状　主要在成熟果实上表现，病斑呈水渍状，近圆形或不规则形。病组织变软，表面长出白色或灰白色绵毛，其上着生孢囊梗和孢子囊。病斑可迅速扩展到全果，从而引起腐烂，流出的带菌汁液，可继续侵染其他果实。

（2）发病原因及条件　葡萄毛霉病由多种毛霉引起，如总状毛霉 *Mucor racemosus* Fres.，大毛霉 *Mucor mucedo* L. Fres.

及冻土毛霉 *Mucor hiemalis* Wehmer，属于毛霉属真菌。

病原菌分布于空气及贮藏库内，在条件适宜时，从果实伤口侵入并发病，可经接触、震动等途径进行再侵染。病菌对温度的适应范围很广，即使在0℃条件下，仍可继续传播为害。果实成熟期如遇暴雨，伤口增加，使贮运期间病情急剧发生。

（3）防治措施　可参照灰霉病的防治措施防治葡萄毛霉病的产生。但一般药剂对毛霉病的防治效果不如对灰霉病的防治效果理想。

4. 葡萄曲霉病

葡萄曲霉病，是一种在即将成熟的葡萄上发生的烂果病，在葡萄贮运期间也可为害。

（1）发病症状　曲霉病的主要特征是烂果表面产生大量的黑粉或紫黑粉状物，这是病菌的分生孢子梗和分生孢子，烂果常有一股潮湿的腐败气味。葡萄成熟时开始发生，到收获时，烂果常剩下一层干壳，用手轻碰整个腐烂的果穗，便会释放出尘埃状的孢子粉末。此病偶尔也会表现为棕色、浅黄色和绿色的霉腐，这是病菌的其他种引起的。

（2）发病原因及条件　引起曲霉病的主要原菌是黑曲霉（*Aspergillus niger* v Tieghem），属于曲霉属真菌。

黑曲霉也是一种喜温好湿的弱寄生菌，21~38℃的高温最有利于黑曲霉的扩展。因而，此病常见于温热地区。黑曲霉的侵染需要伤口和高湿度。病菌的分生孢子存在于各种基质和空气中，但只有果皮破裂或受损伤才会侵染。

（3）防治措施

①葡萄在采收、包装、运输、贮藏过程中，应尽力避免机械伤。为此，应轻拿轻放，防止挤压，避免二次装箱和倒箱。

②病害防治方法参考葡萄灰霉病。

5. 葡萄拟茎点霉腐烂病

（1）发病症状　葡萄拟茎点霉腐烂病发病初期，在果粒上产生直径约 1 毫米左右的淡褐色斑点，幼果时期的病斑，到快成熟时才扩大，呈水浸状软化腐烂，后期病斑直径约10～20毫米，有时病斑可发展至果粒的一半，贮藏期间常发病引起腐烂。

（2）发病原因及条件　病原菌为多种拟茎点霉 *Phomopsis* spp.，属于拟茎点霉属真菌。

病菌可在病果落粒、枝蔓、叶子等处越冬，成为传染源。翌年6～7月，病斑上形成的分生孢子器产生分生孢子，进行传染发病。分生孢子侵入果实4～10天后产生褐色病斑，幼果时期感染的病斑到成熟期软化腐烂。果粒成熟期产生的褐色病斑，3～4日即可软化腐烂。形成分生孢子的温度为15～30℃。气温25℃左右、果面有露水或湿度高时最易发病。在成熟期收获较晚的葡萄，发病也多，并且在贮藏期发病较重。

（3）防治措施

①消除或烧毁病果、落叶、病枝。

②避免在葡萄园周围种植梨、苹果、桃等果树，以防相互传染。

③及时采收已经成熟的果穗。

④贮藏期防病可参考葡萄灰霉病。

6. 葡萄青霉病

青霉病是葡萄贮运期间一种较常见的病害。在密闭的包装箱里，一旦出现病果，腐烂便会迅速地扩展，造成大量葡萄果实腐烂，甚至全箱腐烂，为害甚为严重。

（1）发病症状　受害的果实，组织稍带褐色，逐渐变软腐烂，果梗和果实表面常长出一层相当厚的霉层。霉层开始出现时呈白色，较稀薄，为病菌的分生孢子梗和分生孢子，当其大量形成时，霉层变为青绿色，较厚实。受害果实均有霉败的气味。

（2）发病原因及条件　病原菌为多种青霉菌 *Penicillium* spp.，其中指状青霉 *Penicillium digitatum* Sacc. 是较常见的一种。青霉菌是弱寄生性菌，发生侵染的部位通常是因为操作粗放、包装过紧或其他原因造成的果实伤口。病害的扩展主要与湿度有关，在包装箱内湿度高的条件下，病菌侵入果实后，可以很快地繁殖，并扩散到烂果接触的邻近果实上。

青霉病的发生还和葡萄种类和生长环境温度有关。在鲜食和制干葡萄生产区，如果温度太高，不利于病菌的繁殖和扩展，青霉病就发生的少；对于冷凉地区的酿酒葡萄品种来说，由于葡萄穗上的果粒紧密，较低的温度又有利于病菌的扩展，青霉病一般发生较为严重。

（3）预防措施　参考葡萄灰霉病。

7. 葡萄苦腐病

葡萄苦腐病主要为害成熟的葡萄果粒。病菌在暖和及潮湿的环境中，侵害有损伤的和衰老的组织。葡萄苦腐病只在我国局部地区发生，一般不严重。

（1）发病症状　病菌通常从果梗处侵袭果粒，浅色果粒感病后变为褐色，常出现环纹排列的分生孢子盘，尤其在整个果粒发病以前，这种现象更为明显。蓝色果粒则表面粗糙，有小泡，这是分生孢子盘刚生长的状态，2～3天内，果粒软化、易脱落。有时果粒有苦味，苦腐病由此而得名。不脱落的果粒则继续变干，牢固的固着在果穗上，苦味也不明显。皱缩以后，腐烂的果粒看起来很像黑腐病、炭疽病或蔓枯病。

（2）发病原因及条件　葡萄苦腐病是由煤色黑盘孢菌 *Melanconium fuligineum*（Schr. et Viala）Cavara 寄生引起的。病原菌主要以分生孢子盘及菌丝体在病枝蔓、病果、病叶等残体上越冬，次年春末条件适宜时，分生孢子通过雨滴溅散或昆虫传播进行初侵染。果粒的发病过程是从落花后果粒的果梗形成木栓化皮孔疣突时开始，病菌侵袭这些疣突的死细胞，并潜伏至果粒成熟。然后，侵袭果梗并转移到果粒，几天内即形成分生孢子。健全果粒的任何损伤均可为病害的侵入提供便利。比如鸟类的啄食、昆虫为害以及下雨引起的裂果，均可导致分生孢子侵染果粒。

侵染发生的温度为12～30℃，其中28～30℃最合适，36℃以上菌丝生长受到抑制。由于病菌喜高温，而果粒在生长后期处于高温环境中，所以在葡萄生长后期发病较多。

（3）防治措施　可参考葡萄炭疽病。

8. 葡萄二氧化硫伤害

（1）发病症状　葡萄粒上产生许多黄白色凹陷的小斑，与健康组织的界线清晰，通常发生于蒂部，严重时整穗葡萄上大多数果粒局部褪色，甚至整粒果呈黄白色，最终被害果实失水皱缩，但穗茎能较长时间保持绿色。

（2）发病原因及条件　鲜食葡萄冷藏指南的国际标准（ISO 2168—1974）中明确提出，"为了防止真菌繁殖，特别是灰霉菌的繁殖，可使用杀菌剂。目前通常用二氧化硫进行预处理"。但在生产实践中发现，如果二氧化硫使用不当，特别是采用直接注入二氧化硫或点燃硫磺产生二氧化硫熏蒸时，往往因用量不当，二氧化硫与空气混合不均匀等原因，使葡萄褪色或出现异味。伤害程度取决于进入果粒的二氧化硫量。在单粒葡萄上，对二氧化硫忍耐最弱处是浆果与果柄之间的接连处。如果果粒表面有伤口，则二氧化硫也很容易从伤口处进入。一般来讲，果温高的葡萄吸收二氧化硫比果温低的葡萄快；未成熟的葡萄吸收二氧化硫比成熟的快；薄皮品种比厚皮品种吸收快；果穗松散的比紧密的葡萄吸收二氧化硫快。破碎、损伤、潮湿及发霉的葡萄吸收二氧化硫比自然状态良好的葡萄迅速；果蒂部对二氧化硫比果粒更敏感。

研究和生产实践都表明，葡萄不同品种对二氧化硫的耐受性存在较大差异。巨峰、龙眼、玫瑰香、泽香、秋黑等葡萄品种较耐二氧化硫，而红地球、木纳格、马奶等品种对二氧化硫敏感。因此，耐二氧化硫的品种和对二氧化硫敏感的品种，在保鲜剂的使用量和配置方面是不相同的。

（3）防治措施　对葡萄采用点燃硫磺产生二氧化硫的方法处理时，应采用低浓度，分次处理的方法。对于不耐二氧化硫的品种，一要使用较低的浓度，并要先做剂量试验，以免造成较大的损失。研究指出，导致葡萄吸收5～18毫克/公斤的二氧化硫熏蒸处理，足以控制灰霉病的发生，在连续作用条件下，空气中二氧化硫的浓度应保持在80～300毫克/公斤之间，这样宽的浓度幅度在实际应用时就应充分考虑，根据不同品种和其他情况灵活掌握。如果采用亚硫酸盐缓释剂与葡萄一起放入保鲜袋，则果实封袋前对葡萄必须进行良好的预冷处理，确实把果实的品温在尽量短的时间内降到0℃后（正常年份巨峰葡萄的预冷时间一般不得超过12小时，红地球葡萄的预冷时间一般不超过24小时），再扎紧袋口。贮藏期间保持0～-1℃的恒定低温，以保证袋内不结露和水汽，就可使二氧化硫的挥发缓慢而均匀，减免二氧化硫伤害。必须注意不同的品种对二氧化硫的忍耐性相差很大，绝不能把贮藏巨峰、龙眼等葡萄的保鲜剂用量，用于不耐二氧化硫的红地球等品种上。

（四）柑橘类果实贮运病害

1. 柑橘青霉病、绿霉病

柑橘青霉病、绿霉病是柑橘果实在贮运期发生最严重的病害。一般情况下，青霉病发生多于绿霉病。但在腐烂速度上，绿霉病发展较快，数天内可使全果腐烂；青霉病则发展较慢，要半个多月后才使全果腐烂。在贮藏中柑橘果实常常先感染青霉病而后再感染绿霉病，不久使全果长满绿霉。

（1）发病症状　青霉病和绿霉病的症状基本相似。果实感病后，初期呈水渍状圆形软腐病斑，病部组织湿润柔软，褐色，略凹陷皱缩，2～3天后病部出现白色霉状物（菌丝层），随后在白色霉层中部产生青色（青霉病）或绿色（绿霉病）粉状霉层，即分生孢子梗和分生孢子，外围有一圈白色霉带，白色带边缘与健康部交界处呈水渍状环。病部在高温高湿情况下扩展迅速，至全果腐烂。采前发病一般始于果蒂及邻近处，贮藏期发病部位无一定规律。

（2）发病原因及条件　柑橘青霉病病原菌为意大利青霉菌 *Penicillium italicum* Wehmer，柑橘绿霉病病原菌为指状青霉菌 *Penicillium digitatum* Sacc.。青霉病菌生长温度为3～32℃，以16～18℃最适宜；绿霉病菌最适生长温度25～27℃，略高于前者。大气中二氧化碳浓度较高时，可以大大抑制两种菌产生分生孢子。

青霉菌和绿霉菌分布很广，果蔬贮藏库、贮藏器具、大气及土壤中均有存在。病菌常腐生在各种有机物质上，产生大量的分生孢子。分生孢子借气流传播，经由各种伤口以及果蒂剪口侵入。但在较长时期贮藏后，果实衰老抗病力减弱时，与病果接触，病原菌也可直接侵入。病菌侵入果皮后，分泌果胶酶，破坏果皮细胞的中胶层，菌丝随之蔓延于果皮细胞之间，而后果皮细胞组织崩溃腐败，产生软腐症状。在果面上很快再产生分生孢子，连续不断侵染。病菌的发病条件主要是高温高湿。

（3）防治措施

①橘园管理：结合防治柑橘炭疽病等，采果后全园树株喷1次0.5波美度的石硫合剂。冬季施肥时，翻1次园土，把土表霉菌埋于地下。合理修剪，改善通风透光条件。9月中旬，喷1～2次杀菌剂保护，药剂可选用托布津、退菌特、波尔多液等。

②采收及处理：避免阴雨天或雾天采果；在采收、分级、装运过程中，力求减免各种机械损伤；库房、用具严格消毒，以降低菌源基数；采用单果包装等措施均可减轻柑橘青霉病和绿霉病。

③采用单果包装，防止后期接触传染。

④采后药剂处理：采后使用防腐剂处理是减少青、绿霉病发

生的行之有效的方法，目前推广使用的杀菌剂主要是噻苯咪唑（商品名特克多）和仲丁胺。在这些杀菌剂的基础上，再加入200毫克/公斤的2,4-D，可起到更理想的效果。因为2,4-D可以抑制柑橘果蒂离层的形成，在贮藏期间可保持果蒂新鲜，有利于发挥果蒂组织对病菌的抵抗力。

据中国农业科学院柑橘研究所试验表明，使用特克多处理后的柑橘，果皮颜色鲜红，果蒂新鲜，果实营养素损失较少。通常使用特克多1 000毫克/公斤 +2,4-D 200 毫克/公斤，浸果1分钟，可使发病率控制在3% ~12%，且果实中药物残留不会超过10 毫克/公斤的许可限量。甜橙、蕉柑、温州蜜柑、沙田柚等品种经处理后，贮藏3个月以上，好果率一般达90%以上。使用特克多水悬浮液浸泡果实时，需不断搅拌药液，防止特克多沉淀。进口的特克多纯度高，效果好，但价格较贵。目前，国内研制生产的噻菌灵（特克多）效果也不错，可用750 ~1 500毫克/公斤进行浸果处理。

此外，抑霉唑等高效杀菌剂也逐步应用于柑橘采后的防腐保鲜上。抑霉唑的浸果浓度为500 ~1 000 毫克/公斤。仲丁胺及其制剂的使用有洗果、浸果、熏蒸等多种办法，但以浸果和熏蒸最为常用。洗果时一般采用浓度为1% ~2%的仲丁胺溶液，熏蒸处理时空气中浓度应达25 ~200 毫克/公斤。已制成的各种仲丁胺制剂如保果灵、橘腐剂等可按使用说明使用。

需提出的是，柑橘致病菌种类繁多，往往在同一类果实上，发生多种病害，甚至同一个果实上带有几种病菌，同时侵染果实。在防腐处理时，单纯使用一种防腐剂，不可能控制贮藏中所有的病害。柑橘的采后防腐，如单纯使用特克多或抑霉唑，均能起到抑制青霉菌、绿霉菌的作用，但对褐腐、酸腐、蒂腐则无效；2,4-D能减轻蒂腐病的发生；抑霉唑与2,4-D混合使用，可防止青霉病、绿霉病，并兼治蒂腐病。特克多和抑霉唑在柑橘果实上的杀菌效果比较参见表4。

表4　特克多和抑霉唑在柑橘果实上的
杀菌效果比较（Brown，1988）

杀菌剂	焦腐病	褐色蒂腐病	黑腐病	绿霉病	青霉病	酸腐病	炭疽病	褐腐病
特克多	＋＋＋	＋＋＋	－	＋＋＋	＋＋＋	－	＋	－
抑霉唑	＋＋＋	＋＋＋	－	＋＋＋	＋＋	－	－	－

注："＋＋＋"效果好；"＋＋"效果较好；"＋"有效果；"－"无效果。

2. 柑橘褐色蒂腐病

（1）发病症状　褐色蒂腐以甜橙类发生最多，温州蜜柑极少被害。主要出现于贮藏后期，多自蒂部开始发病，表现为以果蒂为中心的圆斑，褐色，革质，指压部破（在早橘上呈淡黄色，蔓橘上呈黄褐色，柠檬上由黄色变为蜜黄色，黄褐色）。病果内部腐烂速度较果皮快，致使病部边缘后期呈波纹状，色泽转深。剖视病果内部，可见白色菌丝体沿果实中轴扩至内果皮，当病斑扩大到果皮面积的1/3～1/2时，果心已全部腐烂。病部表面，有时有白色菌丝体，并散生灰褐色至黑色的小粒点状分生孢子器。有时病菌侵染果实造成沙皮症状。病部可分布在果面任何部位，产生许多黄褐色和黑褐色、硬胶质的小疤点，散生或密集，成片时形成疤块。通常为害限于表皮及其下层数层细胞，损失不大，但降低商品价值。

（2）发病原因及条件　病原菌为 *Phomopsis cytosporella* Penz. Et Sacc，异名 *P. citri* Fawcett。生长的温度范围为7～35℃，最适温度20℃。产生分生孢子的适宜温度24℃。通常以菌丝体和和分生孢子器在枯枝及死树皮上越冬，分生孢子器作为下年的初侵染源。终年可产生分生孢子。贮运期间的病果，来自田间以被病菌侵染的果实。此菌亦有被抑侵染特性，侵入蒂部和内果皮后，潜伏到果实成熟才发病。贮运期间，病果接触传染的机会很少，除非贮运期过长，湿度过高，病果严重腐烂并长出白霉状的菌丝体及黑色的分生孢子器。

果蒂干枯脱落、蒂部受伤及采收时的果柄剪口，是病菌的主要侵入处。低温是诱发该病的主导因素，柑橘树体受冻伤，被害尤其严重。高温高湿有利发病，特别是在贮运期间。

（3）防治措施

①主要应控制田间发病。诸如清理果园，加强栽培管理，增强树势，适时防病打药，做好防寒。对已经发病的柑橘树，春季彻底刮除病组织，并以1%硫酸铜、50%多菌灵100倍液消毒保护伤口。

②采收、挑选和贮运时，尽量减少伤口，采收后结合青、绿霉病的防治，做好防腐保鲜剂的浸泡处理。

3. 柑橘黑腐病

柑橘黑腐病也是当前柑橘贮运过程中的重要病害，在宽皮橘类如蕉柑、椪柑、温州蜜柑上为害严重，而甜橙被害最少。目前在对青、绿霉病得到比较有效的控制后，柑橘黑腐病和酸腐病都为柑橘上比较难防治的贮运病害。

（1）发病症状　根据陈绍光（1989）的研究，黑腐病症状分为褐斑型、蒂腐型、心腐型（黑心型）、干疤型4种类型。

褐斑型黑腐病，病菌从伤口或脐部侵入，初呈黑褐色或褐色圆形病斑，扩大后稍凹陷，边缘不整齐，中部常呈黑色，病部果肉变为黑褐色腐烂，在软腐状病斑上，常生黑绿色霉状物。在温州蜜柑和甜橙上发生最多，发生在除蒂部外的其他部位。

蒂腐型黑腐病，病部发生在蒂部，呈现圆形、褐色、大小不一的软腐病斑，通常病斑直径在1厘米左右。主要发生在甜橙上。

心腐型黑腐病，病菌自果蒂部伤口侵入果实中心柱，沿中心柱蔓延，引起心腐，常在中心柱空隙处长有污白色至墨绿色霉状物，除甜橙果皮有时稍呈暗色外，在果实外表一般无任何症状。心腐型在椪柑和柠檬上发生最多。

干疤型黑腐病，可在包括蒂部在内的果皮上任何部位发病，常为深褐色、圆形、干腐状病斑，其上极少见霉状物，多发生在失水较多的果实上，主要为害温州蜜柑。

（2）**发病原因及条件**　病原菌为柑橘链格孢菌 *Alternaria citri* Ell. et Pierce，属链格孢属真菌。

病原菌在柑橘枯枝烂果上腐生，分生孢子靠气流传播。对于温州蜜柑果实，主要是在果实生长期从果皮伤口入侵；甜橙类果实，病菌以蒂部入侵为主。从果皮伤口入侵时，潜伏期较短，贮藏中期就可出现褐斑型症状。从蒂部、脐部入侵时，潜伏期长，需要到贮藏后期方可出现蒂腐型或心腐型症状。病菌在盛花期就可侵入，但以柱头脱落后的幼果期带菌率最高。本病在贮藏期间，心腐型的无再侵染。

当果实经过一段时间的贮藏，随着果实的成熟与衰老，抗病性降低时才大量发病；果蒂脱落越多，病果越多；果实成熟度越高，发病越重；贮藏温度过低使果实产生冷害时，发病较多。

（3）**防治措施**

①**采前管理**：柑橘采前果园及树体综合管理是防病的基础。要加强管理，增强树势，合理修剪、烧毁病枯枝等也很重要。目前对链格孢菌引起的柑橘黑腐病，尚无良好的防治农药，用80%敌菌丹600～800倍液有一定效果。

②**适时和精细采收**：适时或略早采收可减轻该病的发生，采收时要尽量减少和避免产生伤口，剔除病虫及机械伤果，可减少病害的发生。

③**适宜的贮藏温度**：采后合理的贮藏条件和贮藏技术对防治病害的发生很关键。首先贮藏温度应适宜，不能使果实受到冷害。据有关资料报道：甜橙在贮藏期为100天之内时，以2℃为宜；温州蜜柑采用4～6℃；蕉柑7～9℃；椪柑、芦柑10～12℃的温度贮藏比较适宜。

④**采后药剂处理**：据广东省农科院的研究结果，特克多500毫克/公斤＋抑霉唑332毫克/公斤＋2,4-D200毫克/公斤浸果处

理，除防治青霉病、绿霉病外，还能抑制黑腐病的发生。而单独用苯并咪唑类杀菌剂防治柑橘黑腐病效果并不佳。

4. 柑橘酸腐病

柑橘酸腐病又称白霉病，是柑橘贮运中常见并且很难防治的病害之一。近年来，由于各地对青霉病、绿霉病加强防治后，酸腐病发生日渐增多，已列为当前柑橘贮运中防治的重要病害之一。若与青霉病和绿霉病混合发生，腐败速度大大加快。

（1）发病症状　一般发生在成熟或已经贮藏较长时间的果实上，病原菌从蒂部或伤口侵入，病部变软，出现水渍状斑点，病斑增大时稍凹陷，易于戳破。病部产生白色、致密、略带皱折的霉层，为病原菌的气生菌丝和分生孢子。之后病部表面白霉状，最后全果腐败，流汤，并有浓厚的酸味。

（2）发病原因及条件　病原菌为白地霉 *Geotrichum candidum link*，属地霉属真菌。

在收获前或收获时病原菌广泛分布在病枯枝及其他病残组织上和土壤内，靠雨水滴溅、气流吹拂或下层果实与土壤直接接触、果实与污染的包装容器接触等传播。病原菌附着在果蒂萼片下或果面上，条件适宜时，由伤口侵入果实，特别是由果蒂剪口或自然脱落的果蒂离层区侵入，病情的发展需要较高的温度，10℃以下时腐烂发展很慢。贮运期间，可继续接触震动传播。柑橘类果实中，尤其以柠檬、酸橙最易感染酸腐病；橘类、甜橙类的发病也很严重。

（3）防治措施

①适时和精细采收：采收时，不用尖头剪刀，减免机械伤的发生。

②低温贮运：根据品种特点选用适宜的贮藏和运输温度。一般来讲，果实温度低于10℃时几乎完全抑制酸腐病菌的活动，但柠檬在10℃中贮藏时间过长，会引起生理伤害。同时适当缩短贮藏期有利于减轻酸腐病的发生。

③药剂防治：迄今为止，还没有较好的药剂可以防治酸腐病。据报道，抑霉唑是目前防治酸腐病效果相对较好的药剂，一般采用500～1 000毫克/公斤的浓度进行浸果处理。国外资料报道，邻苯基酚钠对酸腐病也有一定的作用，通常以0.8%～1%的浓度浸果1～2分钟。

5. 柑橘焦腐病

柑橘焦腐病又称黑色蒂腐病，主要为害贮运期柑橘。成熟的果实采后2～4周较易发病。

（1）发病症状　柑橘焦腐病一般从果蒂或近果蒂处开始，发病初期出现水渍状柔软病斑，后迅速扩展，病部果皮暗紫褐色，缺乏光泽，指压果皮易破裂撕下。病部腐烂后，病菌很快进入果心，沿果心和瓤囊间迅速扩展。腐烂果实常溢出褐色黏液，剖开烂果，可见果心和果肉变成黑色，最终枯死，并产生许多小黑粒点状的分生孢子器。果实腐烂的速度比褐色蒂腐病快。

（2）发病原因及条件　柑橘焦腐病病原菌为 *Botrydiplodia theobromae* Pat.，异名 *Diplodia natalensis* Pole-Evans，属色二孢属真菌。

病原菌由伤口或表皮侵入，最适生长温度为27～28℃，果实在28～30℃时腐烂最快，在20℃以下或35℃以上腐烂较慢，在5～8℃时不易腐烂。宽皮类橘子、甜橙、柚子、柠檬等果实均可受到为害。采用乙烯脱绿时，如果乙烯浓度过大或脱绿时间较长，会增加该病的发生。

（3）防治措施

①田间管理：加强栽培管理，增强树势，做好防寒工作。结合早春修剪，清除病枝、枯枝等，集中烧毁，减少果园内的菌源。

②采前及时防病：适时精细采收，尽量减少和避免机械伤的发生。

③采后药剂处理：采后结合防治青霉病和绿霉病，进行防腐

浸果处理，具体方法见柑橘青霉病和绿霉病的采后药剂处理。

6. 柑橘炭疽病

柑橘炭疽病是我国柑橘产区普遍发生的一种病害，常引起果实大量腐烂。

（1）发病症状　柑橘果实在贮藏期炭疽病菌侵害后通常产生两种不同类型的症状：

①轮纹型：病斑多发生于蒂部及其附近，扩展缓慢，初期为褐色、坚韧、下凹圆形轮纹状，病健部交界明显，病斑大小不一，直径约为2~3厘米，有时几个病斑联成一大片。病部一般不深入果肉，表面生出许多黑色小点（分生孢子盘），在高温高湿情况下，轮纹型容易发展成为腐烂型。

②腐烂型：病部多从果实的顶部附近或蒂部开始发生，一般扩展不快，有时也很迅速。病部初期为褐色、水渍状、不规则形，以后扩大并在病部生出许多黑色小点，潮湿时大量聚集的分生孢子堆呈橙红色。腐烂的果肉味淡而且发苦。

（2）发病原因及条件　柑橘炭疽病病原菌是胶孢刺盘孢 *Colletotrichum gloeosporioides* Penz，属刺盘孢属真菌。

田间的菌源主要为潜伏在各种寄主枝条、茎叶中的菌丝体以及落地的病组织。贮运期间的菌源主要是田间的病果。病害在果实上呈明显的被抑侵染性。贮运期间继续接触传播病菌。病菌生长的最低温度9~15℃，最高35~37℃，适宜温度27~29℃。

（3）防治措施　柑橘炭疽病病原菌具有被抑侵染特性，故防治重点应放在田间。只有在田间防病的基础上，采后防腐才有明显效果。采用特克多1 000毫克/公斤＋2,4-D 200毫克/公斤，对炭疽病防治效果也较好。

7. 柑橘褐斑病

柑橘褐斑病又称干疤病，是柑橘类果实贮藏中发生的重要生理病害。

（1）发病症状　病斑初期为浅褐色不规则的斑点，多数发生在果蒂周围，果身有时也可出现。发病初期只限于果皮油胞层，油胞破裂，香精油溢出。在此阶段，虽不明显影响果实的风味品质，但降低了外观品质和商品价值。严重时果面会成片发生，病斑深及皮层，并使果肉产生异味。

（2）发病原因及条件　柑橘褐斑病的发生机理目前研究的还不够明确，但倾向于是冷害造成的一种生理病变。例如，甜橙在7～9℃下贮藏时发病轻，而1～3℃时发病重。研究还发现，贮藏湿度与该病的发生有负相关关系。降低氧浓度，适当提高二氧化碳浓度可降低发病率。柑橘褐斑病在甜橙类上的为害最普遍和严重，宽皮柑橘和柠檬次之，橘子最轻。易发病的甜橙贮藏40多天后开始发病，贮藏4个月后病果率可达20%～90%，而宽皮柑橘类上极少发生，温州蜜柑发病更少。

（3）防治措施

①适时采收：根据果实成熟度适时采果或略提早采收，可以减少发病。

②控制温度：维持适宜的贮藏温度，如采用机械冷库贮藏甜橙，可采用逐步降温的方法，先在9℃下贮藏1个月，再控制在7℃下长期贮藏。

③提高贮藏湿度：采用塑料薄膜单果包装袋贮藏，可以保持贮藏环境的较高湿度，减少果实发生褐斑病。例如，甜橙贮藏在土窑洞、地窖等简易贮藏场所内，如果不能提供最适宜的温度时，可维持10℃以上的较高贮温；采用聚乙烯薄膜单果包装，既可创造一个较高的湿度环境，又能提供一个低氧和较高二氧化碳浓度的微环境，这些都是减轻褐斑病最经济而有效的方法。

8. 柑橘水肿病

（1）发病症状　初期外表症状不明显，只是果皮颜色变淡，失去光泽，手按有软绵感，稍有异味，随着病情的发展，果皮颜色更为淡白。局部果皮还呈现不规则的、半透明的水渍状，柑类果实还出现不规则的浅褐色斑点。病情严重时，整个果实均变为半透明水渍状，表面饱胀。柑类果实用手指按时感觉松浮，橙类果实用手指按时感到软绵，剥皮均变得容易，食之有浓厚的酒精味。

（2）发病原因及条件　发病原因目前还不太清楚，有人认为与贮藏温度、环境中的二氧化碳浓度及果实采收成熟度有关。不适宜的低温和环境中偏高的二氧化碳浓度，会引起水肿病的发生；在冷库或低温密闭贮藏的后期，由于氧浓度减少，二氧化碳浓度增加和乙烯的产生，使果实中乙醇和乙醛积累增多，而引起水肿病。不同柑橘种类对高二氧化碳的忍受力不同，甜橙较耐二氧化碳，因而发病较少；蕉柑次之，柑类和红橘最易受二氧化碳伤害而发病。此外，成熟度较低，果皮较厚和松浮的大个果实，也易发生水肿病。

（3）防治措施

①控制温度：根据不同种类和品种，选择适宜的贮藏温度。

②注意通风换气：加强库内的通风换气，使库内二氧化碳浓度不超过1%，氧浓度不低于19%。

③注意包装量：贮藏时不宜采用大塑料袋装果，以免袋内二氧化碳浓度积累过高。

9. 柑橘枯水病

枯水又称浮皮，是柑橘类果实贮藏后期发生的一种生理病害。

（1）发病症状　宽皮橘主要表现为：果皮发泡，皮肉分离，囊瓣汁胞失水干缩。在甜橙类上的表现是：果实呈不正常的饱满状，但皮色变淡无光泽，油胞突出，果皮增厚，严重时果面凹凸不平，油胞层易与白皮层分离，白皮层疏松，囊瓣与白皮层间形成空隙，中心柱的空隙也变大，囊瓣壁变厚变硬，囊瓣间易分离，汁胞失水，转为黄白色，随着枯水的加重，果实逐渐丧失固有风味，以致完全失去食用价值。

（2）发病原因及条件　柑橘果实发生枯水的可能机理是：

柑橘贮藏过程中果皮细胞的分裂和生长致使呼吸强度增大，营养物质消耗增加；果胶甲酯酶和多聚半乳糖醛酸酶活性增强，促使果胶物质降解；包括水分在内的营养物质，可能由果肉向果皮转移。

中国农业科学院柑橘所的研究认为，引起柑橘枯水发生的因素有内因和外因两方面。其内因为果皮组织结构的疏松程度，如柑橘种类、品种、采收期等；其外因是影响果实在贮藏期间水分蒸发的因素，如采用薄膜单果包装的甜橙和温州蜜柑，贮藏后期枯水发病率有增高的趋势，而当枯水病初发时，如解除薄膜包装，对枯水过程有较明显的缓解效果。涂被处理，可使果实失水率减低，但枯水率显著高于对照。

栗原昭夫（1973）在温州蜜柑上试验表明，果实生长期，昼夜温差小，枯水程度重，反之则轻。中国农业科学院柑橘研究所（1975）总结分析 10 余年的气象资料和贮藏记录认为，果皮特别是在皮层生长阶段，干旱后多雨及高温的综合影响，使果皮的结构疏松粗糙，贮藏中容易枯水。

不同种类和品种的柑橘，发生枯水的情况不同。一般柠檬、甜橙等紧皮型果实不易枯水，而宽皮果因果皮较疏松则易发生枯水。据报道，较早熟的、皮薄的、白皮层明显龟裂的红橘和芦橘等品种贮藏 2～3 个月，果实普遍枯水。宽皮橘中的蕉柑和中晚熟的温州蜜柑等，因白皮层较厚，组织较紧密，枯水现象较轻，出现也较晚。甜橙中的柳橙虽果皮粗糙，白皮层较厚，但结构疏松，所以也容易发生枯水。因此，可选择不易发生枯水的柑橘品种进行贮藏。

（3）防治措施　防治措施主要有以下几个方面：

①及时采收、严格挑选：在适宜的成熟期采收，不能采收过晚。在入贮前后进行挑选，将松皮发浮的果实挑出。

②采后处理：在采用薄膜单包果或涂被之前，对易发生枯水的柑橘种类和品种，如红橘和芦橘应先经过贮前适当失水处理，

即将果实放置在温度较低、通风透气良好的地方预贮一段时间，使果实水分蒸发一部分，果面微现皱缩，这样有利于减少以后贮藏期间的水分损失。

③激素处理：采前 15～30 天喷洒10～20 毫克/公斤的赤霉素或采后用50～100 毫克/公斤赤霉素浸果，均可减轻枯水病的发生。

④提高果实中的钙含量：用3%～4%氯化钙溶液作采后浸果处理，对缓解温州蜜柑枯水的发生有一定的作用。

⑤解除包装：采用薄膜包装的果实，贮藏后期枯水率较未包装的果实明显提高，为了防止或减轻枯水病的发生，应在贮藏后期摘除薄膜包装。

（五）香蕉贮运病害

目前生产上香蕉的主要栽培品种有：高把、矮把、油蕉、遁地雷、天宝蕉、大蕉、粉蕉等。香蕉果实采后的主要病害有：炭疽病、蒂腐病、蕉腐病和黑心病。

1. 香蕉炭疽病

香蕉炭疽病很少在田间未成熟的青蕉上出现，而主要发生在成熟或近成熟的果实上。

(1) 发病症状　在不经长期贮运就进行催熟的香蕉上，病部初期为近圆形的暗褐色小凹陷斑点，不久斑点变黑，逐步扩大，相互连接形成大块凹陷的黑斑，甚至整个果实变黑、腐烂。环境湿度适宜时，病部会生出许多橙红色的黏质小粒，此小粒为病原菌的分生孢子盘和分生孢子。已被炭疽病原菌侵染的香蕉，在较长期的贮藏期间，青绿未熟的果实上也会发病。

(2) 发病原因及条件　病原菌为香蕉炭疽病菌 *Glorosprium musarum* Cookeet Mass，属刺盘孢属真菌。

香蕉炭疽病初期侵染源是带菌的蕉树，分生孢子由风雨或昆虫等传播。病菌侵入幼果后，通常呈被抑侵染状态，直到果实成熟时才表现症状。也可在香蕉果实采后通过伤口侵入，在13℃下10天左右就发病。近年来研究认为，果实的被抑侵染特性，是由于青果皮中存在的多巴胺的氧化物或由酪氨酸酶对多巴胺作用生成的产物所致。香蕉炭疽病病原菌可侵染各种蕉类，以香蕉受害最重，大蕉次之，龙牙蕉很少受害。果皮薄的品种较果皮厚的品种易感病；糖分含量高的品种染病速度快，从侵染到发病只需6～10天，病害严重；而糖分含量低的品种发病需要15～20天，病害较轻。

（3）防治措施

①田间管理：由于香蕉炭疽病被抑侵染特性十分明显，所以，首要的预防措施是通过综合防治控制田间侵染。一是通过清理蕉园，减少初侵染源；二是在生长季节树上喷药保护。一般从抽蕾开花期起，每隔10天左右对果穗喷施1次50%的多菌灵＋20%农用高脂膜混合药液，或1：0.35：100倍的波尔多液，共喷3～4次。

②适时采收：果实成熟度达7～8成熟时采收为宜，成熟度高的香蕉容易损伤并易感病。采收时，力求避免擦伤、碰伤、刺伤和压伤果实，也应避免折断蕉柄。

③库房消毒：用高效库房消毒剂消毒，库房污染严重时，应用液体消毒剂和固体熏蒸剂结合使用。

④适时采收：采收成熟度常以饱满度来衡量，作为贮运的香蕉，采收的饱满度相对较低，

如我国出口的香蕉，采收饱满度为70%～75%，在国内销售的香蕉，采收饱满度为70%～85%。

⑤采后处理和贮藏管理：采后的果实，经保鲜剂处理后，在适宜贮藏温度下，使用脱乙烯剂，可降低贮藏环境中的乙烯浓度，结合CA和MA贮藏，可显著延缓香蕉的成熟衰老和腐烂。方法是：将经过去轴落梳后的香蕉，用1 000毫克/公斤特克多或

抑霉唑浸果，晾干果皮水分后，装入厚度为 0.04 毫米的聚乙烯薄膜袋内，如采用纸箱作外包装，则在 12.5 公斤装的聚乙烯袋内放入吸有饱和高锰酸钾的蛭石 50 克或吸有饱和高锰酸钾的砖块 200 克，砖块和蛭石都要用塑料小袋盛装，不能撒落在果实中。

2. 香蕉焦腐病

香蕉焦腐病是贮运期的常见病害，田间有时也可产生为害。

（1）发病症状　香蕉焦腐病可为害香蕉果穗的不同部位，主要有：①指腐：多发生在催熟库内，病菌从果指顶端的花瓣残留处侵入，并扩展蔓延，果实边黑色，果肉软化，发出带有甜味的气体，果皮皱缩。②主轴腐烂：病菌从主轴切口处侵入，病部初为水渍状，后变黑软化，湿度高时，病部长满灰绿色菌丝体。③冠腐：症状与主轴腐烂相似，腐烂部位主要发生在月型的切口处。④果指断落：发病处自果轴及冠部延伸，果梗呈水渍状褐变，最终呈黑色，造成果指断落，俗称"烧炮仗"。

（2）发病原因及条件　病原菌同柑橘黑色蒂腐病，为 *Botrydiplodia theobromae* Pat.，异名 *Diplodia natalensis* Pole-Evans，属色二孢属真菌。

该病多发生于 30～35℃，相对湿度很高的条件下，尤以运输途中因碰撞而产生的机械新伤口，加上车厢内温度高时，发生就比较严重。

（3）防治措施　参考香蕉炭疽病的防治方法。

3. 香蕉镰刀菌冠腐病

香蕉冠腐病主要是采后病害，其重要性仅次于炭疽病。以塑料袋包装的果实发病最为严重，香蕉北运也常发生，蕉农称其为"白霉病"。

（1）发病症状　采后密封包装，在 25～30℃贮藏 7～10 天，蕉梳切口处出现白色棉絮状菌丝体，含大量分生孢子，造成轴腐，进而向果柄扩展，病部暗褐色，前缘水渍状，指果脱落。

20 ～25 天后果身发病，果皮爆裂，覆盖许多白色菌丝体及孢子，蕉肉僵直，不易催熟转黄。青果外软而中央胎座硬，食之有淀粉味，一旦发病扩展迅速。

（2）发病原因及条件　在广东，至少包括下述四种镰刀菌：半裸镰孢 *Fusarium semitectum* Berk. et Rav、串珠镰孢 *F. moniliforme* Sheldon、亚黏团串珠镰孢 *F. moniliforme* var. *subglutinans* Wollenw. et Rienk.、双胞镰孢 *F. dimerum* Penzig，其中以半裸镰孢的致病性最强，但频率以串珠镰孢和亚黏团串珠镰孢最高。

香蕉冠腐病主要有以下因素引起：①各种机械伤害是病菌侵入的前提，没有伤口人工接种也不发病。②高温、高湿使病情迅速发展。薄膜密封包装，货车车厢通风不良，温、湿度明显增高，都会严重发病。③青蕉若密封在薄膜袋中，因果实呼吸作用产生二氧化碳浓度增高，甚至出现中毒，有利于镰刀菌的侵染为害。

（3）预防措施

①改变长期沿用的传统采收、包装、运输和销售环节，用纸箱代替竹箩装蕉，轻割轻放，减少贮运过程中的机械伤害。

②药剂防腐。用 0.1% 扑海因 + 0.1% 特克多的混合液在采后浸果或者 0.5% 的抑霉唑，防治薄膜袋包装的香蕉的冠腐病，效果很好。

4. 香蕉冷害

香蕉冷害是由于低温而引起的生理性病害。香蕉对贮运低温极为敏感，一般认为香蕉冷害的临界温度为11 ～13℃。果实状态、品种等条件不同，临界温度也不相同。

（1）发病症状　香蕉冷害最典型的症状是果皮变暗灰色，严重时则变为灰黑色，果皮上有条状或下陷的区域，果心变硬。在5 ～7℃下 6 天，8℃下 20 天，大部分果皮都呈灰黑色，达到严重冷害程度；9 ～10℃下贮藏30 天，冷害虽较轻微，但催熟后果皮黄中带灰，缺少光泽，商品价值下降。已遭受严重冷害的香蕉催热后，皮色更加变黑，酸腐病菌很快侵染，病部常长出一层白色霉状物，即酸腐菌的孢子。遭受严重冷害的香蕉，淡薄无味，犹如食生淀粉的感觉和苦涩味。

（2）发病原因及条件　香蕉冷害发生与贮藏温度、相对湿度和气体成分有关。成熟度在 7.5 成的拉加丹蕉，在有孔的聚乙烯袋中贮藏，温度在13.3～13.9℃时能避免冷害，温度在13.9～14.4℃时更为安全。相对湿度与冷害的发生呈明显的负相关，成熟度在 7.5 成的拉加丹蕉，贮藏在 8.3℃，相对湿度 100%时，能降低冷害，而相对湿度在37%～58%时，则立即发生冷害。所有的成熟果在 8.3℃下贮藏，冷害很严重，但在较高的相对湿度下冷害程度减轻。成熟度在 7.5 成的拉加丹蕉在 10℃下贮藏，在3%～6%的氧浓度下，7%～10%的高浓度二氧化碳会造成严重的冷害，低浓度二氧化碳则无多大影响。在稳定的0%～5%的低浓度二氧化碳下，3%～4%的较低的氧浓度，也能减轻冷害。

不同品种的蕉类，对冷害敏感性有一定差异。Wardlaw（1961）报道，"Gros Michel"比"Lacatan"有较强的抗冷害性。绿色香蕉比成熟香蕉对冷害更为敏感；果簇顶端部分的果实，成长度不足，比基部成长度高的果实对冷害的敏感性高。

（3）防治措施

①控制贮藏温度：控制适宜的贮运温度，不使贮运温度降到11℃以下。

②薄膜袋包装：采用塑料薄膜袋包装，提高相对温度。广东省顺德塑料厂等单位研制成的香蕉专用保鲜膜，不仅能起到自发气调的作用，而且还可以防腐。

③调节气体成分：在 MA 贮藏时，氧浓度控制在3%～4%，二氧化碳低于5%，能减轻冷害的发生。

5. 香蕉的高二氧化碳伤害

高浓度二氧化碳（15%或15%以上）会使香蕉产生异味，

这可能是由于乙醇和乙醛的积累所致。高浓度二氧化碳对香蕉伤害程度受采收成熟度、在高二氧化碳下时间的长短和贮藏温度的影响。在旺季早期采收的果实和长期在高温下贮藏的香蕉容易遭受二氧化碳伤害。在比较低的相对湿度下，长时间在较低二氧化碳浓度（5%～10%）下贮藏，也会使香蕉产生二氧化碳伤害。所以，贮藏中要及时测定二氧化碳和氧浓度，有效控制二氧化碳浓度，减少高二氧化碳对香蕉造成的伤害。参考的气调指标为：温度11～13℃，氧2%，二氧化碳6%～8%。

6. 高浓度乙烯催熟造成的品质劣变

香蕉常采用乙烯或乙烯利进行催熟。采用乙烯催熟的方法催熟快，成熟比较一致。方法是：将香蕉装入一个密封室内，按1：1 000的浓度（乙烯与催熟室的空气容积比）输入乙烯气体，在20℃的温度和85%的相对湿度下，大约经过24小时的处理即可达到催熟效果。如果采用乙烯利催熟，在17～19℃下，采用的浓度为3 000毫克/公斤左右；在20～23℃下，采用的浓度为1 500～2 000毫克/公斤；在23～27℃下，用1 000毫克/公斤，直接喷洒和浸果，以每个蕉果都沾到药液为宜。一般存放3～4天即可。因此，为防止高浓度乙烯催熟造成的品质劣变，需在上述参考浓度范围内进行。

（六）主要核果类果实贮运病害

核果类果实以桃、李、杏和油桃为代表，由于这几种果实成熟期间正值高温高湿季节，采后后熟过程进行的很快，极不耐贮运。因此，目前对桃、李、杏和油桃的贮藏仅是为避开市场旺季，适当延长加工季节而已。桃、李、杏在贮运期间发生大量腐烂，主要是由褐腐病菌、软腐病菌等引起；油桃在贮运期间易发生青霉病。

1. 桃、李、杏褐腐病

（1）发病症状　发病初期，果实上出现褐色圆斑，而后迅速扩大，数日内便可使全果变褐软腐，继后在病斑表面长灰褐色绒状霉丛，即病菌的分生孢子层，孢子层常呈同心轮纹状排列。

（2）发病原因及条件　病原菌无性态为 *Monilinia* spp.（M. laxa；M. Fructicola；M. Fructigena），属丛梗孢属真菌。

病原菌病菌主要以菌丝体或菌核在僵果和病枝上越冬，次年产生大量分生孢子，这是主要的初侵染源。分生孢子可经皮孔、虫伤或各种伤口侵入果实，果面侵染褐腐病菌的果实，在 22～24℃下，24 小时便可发病，30 小时产孢，3 天左右就会造成全果软腐。果实从幼果至成熟期均可染病，但以果实越接近成熟受害越重。贮运时如果挑选不严，混入果筐或果箱内的病果发生腐烂，产生大量分生孢子，可通过接触、昆虫等进行再侵染，迅速蔓延。

（3）防治措施

①消灭越冬菌源：结合修剪做好清园工作，彻底清除僵果、病枝，集中烧毁或深埋。

②及时防治虫害：桃象虫、桃小食心虫、桃蛀螟及多种蝽象为害造成的伤口，是发生烂果的主要原因之一。田间及时喷药防病，一般喷洒 1 000 毫克/公斤多菌灵或 750 毫克/千克速克灵均有较好效果，但速克灵不宜喷施过晚。

③喷药保护：桃树发芽前喷布 5 波美度石硫合剂或 45% 晶体石硫合剂 30 倍液。落花后 10 天左右喷施 65% 代森锌可湿性粉剂 500 倍液、50% 多菌灵 1 000 倍液，或 70% 甲基托布津 800～1 000 倍液。花腐发生多的地区，在初花期（开花约 20%）需要加喷 1 次。也可在花前花后各喷 1 次 50% 速克灵可湿性粉剂 2 000 倍液或 50% 苯菌灵可湿性粉剂 1 500 倍液。不套袋的果实，在第 2 次喷药后，间隔 10～15 天再喷药 1～2 次，直至果实成熟前 1 个月左右再喷药 1 次。50% 扑海因可湿性粉剂 1 000～2 000

倍液，防治褐腐病效果也很好。

④适时采收：拟贮藏的果实，采收不宜过晚，一般为7.5~8成熟，并避免各种机械伤害。

⑤采后处理及贮藏：采后应立即冷却，以降低代谢强度。采用50%扑海因1 000~2 000倍液浸果，防病效果很好。冷却后的果实最好在机械冷藏库中贮藏，控制贮藏温度为0℃。

2. 桃黑霉病

桃黑霉病是在采收以后发生于运输、贮藏和销售期间的严重病害，此病传染力很强。

（1）发病症状　初期病斑为淡褐色水渍状不规则斑点，而后迅速扩展，2~3天后，果实全面发生绢丝状、有光泽的长条形霉，接着产生黑色孢子。

（2）发病原因及条件　病原菌为 *Rhizopus nigricans* Ehrenberg，属根霉属真菌。

菌病菌形成孢囊孢子和接合孢子。病菌通过伤口侵入成熟果实。产生的孢子囊和孢囊孢子经震动、昆虫等传播，也可靠直接接触传染。

（3）防治措施

①合理采收：应适时采收、精细采收，尽量避免各种机械伤。

②采后处理：采收后应迅速预冷并进行冷藏；单果包装可控制接触传染，对病害的控制行之有效。

3. 核果类的冷害

（1）发病症状　先是果核附近的果肉变褐，逐渐向外蔓延，随时间延长，除果肉褐变外，还会丧失果实固有的风味。

（2）发病原因及条件　桃、李、杏对低温都比较敏感，易发生冷害。

（3）防治措施　防止核果类冷害发生有以下一些途径。具体措施和方法因桃、李、杏的种类、品种、产地等不同而不同，应在生产实践中摸索。

①间歇加温贮藏：将果实在0～2℃下贮藏2周，升温至18℃经2天，再转入低温下贮藏，如此反复处理，可减轻或避免冷害。

②两种温度贮藏：先在0～2℃贮藏2周左右，再在5℃下贮藏。也可以在0～2℃下贮藏2～3周后，采用逐步升温的方法贮藏。

③采用气调贮藏：控制温度在0～1℃左右，氧2%、二氧化碳5%的气体条件下贮藏，能减轻褐变的发生。若结合间歇加温的方法，可获得更好的效果。

④李子的冷藏可采用0±0.5℃的温度：采用0.1%的特克多加200毫克/公斤的赤霉素浸泡果实，放入一定量的乙烯吸收剂。采用气调贮藏，一般推荐的气体指标为：3%～4%的二氧化碳+3%的氧。

（七）芒果贮运病害

1. 芒果炭疽病

芒果炭疽病分布于华南、西南产区，是芒果的主要病害之一，严重影响产量和品质。在熟果期发病迅速，为害很大，常造成贮运期芒果的严重损失。

（1）发病症状　幼果很容易感病，果核未形成前感病产生小黑斑，扩展迅速，导致幼果部分或全部皱缩变黑而脱落。果核已形成的幼果感病后，病斑通常只有针头大，基本上不扩展，至果实将近成熟时才迅速扩展；如果天气潮湿，小斑也会迅速扩大并产生分生孢子。果实接近成熟时感病，产生形状不一、略凹陷、有裂痕的黑色病斑，多个病斑往往愈合连成大斑块，病部常深入到果肉内，使果实在园内或贮运中腐烂。果实接近成熟至成熟时，如有大量孢子从病枝或花序上冲淋到果实上，则果实表皮发生小斑而形成所谓"糙果（皮）"症或"污果（斑）"症。

（2）发病原因及条件　病原菌为 *Colletotrichum gloeosporioides* Pena.，属刺盘孢属真菌。

病菌主要以分生孢子在病部越冬，次年经风雨传播进行初侵染和再侵染。芒果嫩梢期、开花期和幼果期，如遇高温多雨和大雾，病害往往发生严重。病菌具有较长的潜伏期，控制田间为害非常重要。

品种的抗病性有明显差异，泰国象牙芒、云南象牙芒、湛江吕宋芒、白花芒、金钱芒、扁桃芒等都是抗病力较强的品种；印度2号、印度3号、鹰嘴芒等抗病力较弱。

（3）防治措施

①果园管理：选择开花结果期雨水较少的地域种植，改进栽培管理；注意果园卫生，对病残枝叶集中烧毁。

②采前药剂防治：开花期自2/3的花开放起，喷布甲基托布津800倍和氧氯化铜800倍的混合液6~8次，每次间隔10~14天，效果较好。

③注意适宜的采收成熟度：作为远地销售和贮藏的芒果，一般在跃变期前的硬绿成熟状态时采收。

④采后药剂防治：采后50℃热水浸泡30分钟或用52~55℃ 500毫克/公斤的苯莱特或多菌灵溶液处理15分钟，或0.1%抑霉唑的52~55℃的热溶液处理5~10分钟，能较好地防治贮运期炭疽病和蒂腐病。国家农产品保鲜工程技术研究中心研制生产的芒果专用液体保鲜剂对包括炭疽病在内的多种芒果病害有良好的防治效果。

⑤注意贮藏温度：低温可暂时抑制病菌生长，推迟3~4天烂果，但芒果对低温反应敏感，而且不同品种反应有差异，仅仅冷藏，不易获得满意效果。大多数品种的贮藏温度在10~15℃，贮藏时间为20~30天。

⑥气调贮藏：贮藏温度为11~13℃，氧3%~5%，二氧化碳

2% ~5%，脱除库内乙烯对延长贮藏期有明显的作用。

2. 芒果球二胞霉蒂腐病（芒果焦腐病）

芒果球二胞霉蒂腐病是芒果贮运期的主要病害，国内常称焦腐病、黑腐病。除芒果外，该病还可为害其他热带、亚热带水果（如香蕉、柑橘、番石榴、番木瓜），引起果实黑色腐烂。该病在广东、广西、海南和云南等地的芒果上均有发生。

（1）发病症状 较常见的症状为蒂腐，发病初期蒂部暗褐色、无光泽，病健部交界明显，在湿热条件下，病部向果实全身扩展，病果果皮由暗褐色变为深褐色或紫黑色，同时，果肉组织软化、流汁，有蜜甜味，3~5天全果腐烂变黑，病果皮出现密集的黑色小粒，为病菌的分生孢子器。

（2）发病原因及条件 病菌通常从果皮伤口或皮孔侵入，引起皮斑。初侵染源来自枯枝、树皮和落叶；传播途径主要是雨水，成熟分生孢子在无菌水中4~5小时后萌发，分生孢子随雨水从受伤的果柄、果实剪口或机械伤口侵入，果实成熟前病菌处于潜伏侵染状态，果实后熟以后迅速腐烂。

紫花芒果常温下贮藏，球二胞霉蒂腐病引起的烂果速度比其他几种蒂腐病快。Johnson（1990）报道，在25~30℃温度下，球二胞霉蒂腐病在肯辛顿果实上病斑扩展的速度比小穴壳属蒂腐病快得多。

（3）防治措施

①彻底清园、减少初侵染源：果园修剪后应及时把枯枝烂叶清除，修剪时应贴近枝条处剪下，避免枝条回枯。

②果实采收时采用"一果二剪"法：所谓"一果二剪"即在果实采收时的第1次剪，留果柄5厘米，到加工场采后处理前进行第2次剪，留果柄长约0.5厘米。放置时果实蒂部朝下，防止胶乳污染果面。每剪1次都须用消毒剂（如75%酒精）蘸过果剪。"一果二剪"法可降低病菌从果柄侵入的速度和机率。

③药剂处理：果实采后用一定浓度的赤霉素涂抹果蒂，虽不

能明显推迟果实的后熟进程，但能保持果蒂青绿，可降低蒂腐病的病果率。

④低温贮藏：适宜的低温贮运也可延缓球二胞霉蒂腐病的发生和发展。

3. 芒果小穴壳属蒂腐病

芒果小穴壳属蒂病是芒果采后贮藏期的重要病害之一，果实感染病菌后，发生腐烂，影响果实的商品价值。

（1）发病症状　芒果小穴壳属蒂病在黄熟果上主要症状有3种。

①蒂腐型：蒂腐型比较常见，发生也比较严重。发病时期果蒂周围出现水渍状的浅黄褐色病斑。在高温高湿条件下，病菌迅速向果实扩展，病健部位交界模糊，病果迅速腐烂、流汁，病果果皮上出现大量深灰绿色的菌丝体；在湿度较低的情况下，病果果皮上还出现大量的黑色小粒。

②皮斑型：皮斑型的症状与炭疽病斑症状相似，初期病斑为浅褐色，下凹，圆形，以后逐渐扩展，病斑常见轮纹，后期出现小黑粒，潮湿时可见深灰绿色的菌丝体。

③端腐型：果实端部发生腐烂，这种类型在贮藏期比较常见。

（2）发病原因及条件　病原菌为 *Dothiorella* spp.，属于小穴壳属真菌。

初侵染源来自枯枝、落叶等处，分生孢子在3～5月份雨季借雨水传播到花穗或幼果上，也可从有伤的果柄或果皮侵入。发病的最适温度为25～30℃。在常温贮藏下，用聚乙烯薄膜袋包装，袋内湿度大，果实从发病到全果腐烂仅需3～5天。台风、暴雨极易扭伤果柄或擦伤果皮，病原孢子易从伤口侵入。

（3）防治措施　防治措施可参考芒果球二胞蒂腐病的防治。

（八）板栗贮运病害

1. 板栗炭疽病

板栗炭疽病是安徽、江苏、浙江、江西、福建、广东等省板栗的主要病害之一，田间便可发生，贮藏不善会引起大量果实腐烂，造成重大损失。

（1）发病症状　受害栗果主要在种仁上产生近圆形、黑褐色或黑色的坏死斑，以后果肉腐烂，干缩，外壳的尖端常变黑，俗称"黑尖病"。

（2）发病原因及条件　病原菌为 *Colletotrichum gloeosporioides* （Penz.）Arx，属于刺盘孢属真菌。

病菌在南方特别是华南地区普遍存在，寄主范围广，以菌丝体在活体芽、枝、落地的病叶和病果潜伏越冬。条件合适时，10、11月份便可长出子囊壳，翌年4、5月小枝或枝条上长出黑色分生孢子盘，分生孢子由风雨或昆虫传播，经皮孔或自表皮直接侵入。贮运期间无再侵染。通常采后第1个月为腐烂的易发期，贮期果实失水越多，越易腐烂；如果采后栗棚、栗果大量堆积，而不迅速散热，容易造成严重腐烂；采收期气温高（26～28℃）、湿度大，有利腐烂。

（3）防治措施

①加强田间防治：结合冬季修剪，剪除带病枯枝，集中烧毁；喷施灭病威、多菌灵，或半量式波尔多液等药剂。

②严格采收环节：不能提早采收，需待栗棚呈黄色、出现十字状开裂时，进行拾栗果或分次打棚。采收期每2～3天打棚1次。打棚后当日拾栗果，以上午10点以前拾果较好，重量损失少。

③采用适宜的贮藏方式：a. 采后将栗果迅速摊开散热，以产地沙藏较为实际。埋沙时，可先将沙子用500毫克/公斤特克

多液湿润，贮温在5℃以下时，贮藏期较长。有报道认为，将板栗埋于500毫克/公斤特克多溶液浸泡过的锯屑内，当相对湿度为80%～90%时，即使在8～10℃下，也可保鲜达2个月左右。b. 低温冷藏和气调贮藏。冷藏温度-2℃±0.5℃；气调贮藏时，控制温度-1℃±0.5℃，氧3%～5%，二氧化碳10%，相对湿度90%～95%。c. 短期高二氧化碳处理。可用40%左右的二氧化碳处理1～2天，对病害和虫害有良好的防治作用。

2. 板栗的其他真菌性病害

（1）发病原因及条件　除炭疽病外，板栗贮藏期的其他主要真菌性病害有：黑霉病 *Ciboria batschiana*、黑斑病 *Alternaria alternata*、白霉病 *Fusarium* spp. 和青霉病 *Penicillium* spp. 。其中黑霉病引起的病害较多。该病在板栗采收前或落地后就侵入栗果，潜伏在内果皮，不表现任何病症，待果实贮藏12个月后，病菌迅速蔓延，黑色板块开始出现在栗果尖断或顶部，不断扩大，被侵染的果肉组织松散，由白变灰，最后全果腐烂，变成黑色。如果田间虫害多，采收季节高温多湿，果实自然发病率就高。

（2）预防措施

①适时采收：要选择合适的采收期，一般在栗果充分成熟时采收，其抗病性明显提高。

②采后药剂处理：采后用500毫克/公斤2,4-D＋2 000毫克/公斤托布津药剂浸果3分钟。或用100～1 000千拉德 γ-射线辐射处理均能有效地抑制霉烂。

③控制贮藏环节和条件：将刚采收的板栗进行快速降温，使栗果温度降至5℃以下，不仅能抑制霉菌发生，减少霉烂，而且能够延长贮期。适当降低湿度，创造适宜的低温环境，采用装袋架藏等方式，可降低栗果呼吸强度，延缓其代谢过程。同时，加强通风管理也是防止腐烂的有效方式。

④其他措施：参见板栗炭疽病。

3. 板栗贮期发芽

（1）发病症状　在栗果尖端生长出绿色芽尖。

（2）发病原因及条件　板栗是一种需低温层积的种子。一般在0℃下30天层积则完成其种子的后熟（休眠）过程，当温湿度条件适宜时则能萌发（发芽）。其发芽的条件是较高的湿度和适宜的温度。板栗发芽一般在翌年3～4月份进入旺盛时期，北方栗果较南方栗果更易发芽。发芽期栗果呼吸强度增大，酶活性增强，淀粉水解，糖分增加。发芽后的板栗品质明显下降。这是板栗长期贮藏中容易出现的问题之一。

（3）防治措施

①γ射线处理：在采后用γ射线照射，可有效地防止发芽。

②药剂处理：采用1 000毫克/公斤2,4-D、10 000毫克/公斤青鲜素、1 000毫克/公斤萘乙酸浸果，可抑制板栗发芽。

③低温或气调贮藏处理：上述各种处理在板栗刚采后和休眠期中进行效果更明显。当板栗已结束休眠，进入萌芽期（翌年3～4月）后，抑制发芽的效果大大降低。生产上可以在这一时期（萌芽期前），采用-3～-3.5℃的低温处理5～15天，随后恒温于-2℃±0.5℃条件下，能够有效抑制板栗的大量萌芽。采用5%二氧化碳和3%～5%氧进行气调贮藏，也是抑制发芽的有效方法。

（九）猕猴桃贮运病害

1. 猕猴桃软腐病

猕猴桃软腐病发生在猕猴桃果实收获后的后熟期。果实内部的果肉发生软腐，失去食用价值，常造成很大的经济损失。

（1）发病症状　果实后熟末期，果肉出现小指头大小的凹陷。剥开凹陷部的表皮，病部中心部乳白色，周围呈黄绿色，外围浓绿色呈环状，果肉软腐。纵剖软腐部，软腐呈圆锥状深入果肉内部，多从果蒂或果侧开始发病，也有从果脐开始的，初期外观诊断困难。

（2）发病原因及条件 猕猴桃果实软腐病是由 *Phomopsis spp.* 引起，病菌属拟茎点霉属真菌。

一般在果实生育期染病，病原菌以菌丝形态潜伏在果皮中，大部分在收获后的后熟期侵入果肉而发病。在贮运过程中，病健果实靠接触传染。果实越接近成熟期，含酸量越低，且后熟期温度较高，病害易流行。梅雨季节、雨水多的年份，发病显著增加。结果多的老果园，病害严重。

（3）防治措施

①清除污染源：彻底清除病残枝叶，并集中处理，减少初次侵染源。

②田间药剂处理：从 5 月下旬开花期开始到 7 月下旬之间，喷施2 000倍液的托布津3～4次，有良好的防治效果，并可兼治灰霉病引起的花腐。

③控制采收成熟度：我国陕西主栽的秦美猕猴桃，在可溶性固形物达到6.5%～7%时采收，耐藏性较好。

④冷藏和气调贮藏：猕猴桃的贮藏温度为0℃，果品温度不宜低于0.5℃，并保持温度稳定。

适宜的气体成分指标为：氧2%～4%，二氧化碳3%～5%。无论冷藏还是气调贮藏，整个贮藏期间一定要注意排除或吸收贮库内的乙烯，这一点对猕猴桃贮藏十分重要。

2. 猕猴桃软化

猕猴桃软化是影响猕猴桃贮藏的主要问题之一，也是引起果实腐烂的重要因素。

（1）发病症状 起初果实表面部分或局部发软，严重时整果软化或腐烂。

（2）发病原因及条件 猕猴桃软化是猕猴桃贮藏过程中的一种生理现象，是猕猴桃果实成熟衰老的表现。

（3）防治措施

①采后及时预冷：猕猴桃采后应及时预冷。在采后8～12小时采用机械降温冷却的方式，将果实温度降至0℃，并在贮藏期维持0～−1℃的恒温。运输时应采用机械冷藏车和保温车，这是延缓果实软化最有效的方法。

②使用乙烯吸收剂：猕猴桃对乙烯十分敏感，在乙烯浓度很低（0.1毫克/公斤）的情况下，即使在0℃条件下冷藏，也会加快果实软化，促使猕猴桃成熟与衰老。因此，在装有猕猴桃的聚乙烯薄膜袋内加装一定量(0.5%～1%)的乙烯吸收剂，可延缓猕猴桃的成熟衰老。

③气调贮藏：采用气调库、大帐气调或薄膜小包装（MA气调）自发气调等不同形式的气调方式，可使猕猴桃贮藏5～7个月。气调库贮藏期间，要求氧浓度在2%～4%，二氧化碳浓度应控制在5%以下，相对湿度90%～95%，并注意及时脱除乙烯。采用塑料大帐气调方式，也能有效、快速的降低帐内氧浓度，控制二氧化碳和乙烯。塑料大帐可以自行制作，制氮机（碳分子筛制氮机和膜制氮机）可根据贮藏量选择适宜的型号。如果是薄膜小包装低温冷藏，除严格控制品温为0～−0.5℃外，小包装袋内必须放置足够的乙烯吸收剂。

（十）荔枝贮运病害

1. 荔枝霜疫病

荔枝霜疫病是荔枝果实上最重要的病害。荔枝生长果如遇阴雨连绵，常造成大量落果、烂果，损失可达30%～80%，贮运中继续为害。有的年份，采前天气晴朗多日，果实外观完好，但在采后运输中会暴发病害，损失严重。

（1）发病症状　荔枝幼果、成熟果均可受害。成果受害时，多自果蒂开始发生褐色、不规则形、无明显边缘的病斑，潮湿时长出白色霉层，即病原菌的孢囊梗和孢子囊，病斑扩展极快，常使全果变褐，果肉发酸，烂成肉浆，流出褐水。幼果受害很快脱落，病部亦生白霉。

（2）发病原因及条件　病原菌为 *Peronophora litchi* Chen ex Ko et al，属霜疫霉属真菌。

病菌能以菌丝体和卵孢子在病果、病枝及病叶中越冬。次年春末夏初温湿度适宜时即产生孢子囊，由风雨传播到果实、果柄、小枝及叶片上，萌发形成游动孢子，或直接萌发为芽管，侵入果实后一般经1～3天的潜育期即引起发病，病部再产生孢子囊，辗转传播为害。果实在贮藏运输过程中，由于病果与健果混在一起，可以通过接触传染。

荔枝品种间的抗病性无明显差异，一般早、中熟品种发病较重，晚熟品种发病较轻。接近成熟的果实比青果肉厚皮薄，含水分多，易透水，所以容易发病。

（3）防治措施

①清除污染源：采后结合修剪清除烂果和病果，彻底清除病残枝叶，并集中处理，减少初次侵染的来源。

②喷药保护：采果清园后喷1次0.3～0.5波美度的石硫合剂，或0.5～0.8：0.5～0.8：100的波尔多液或1%硫酸亚铁。在发病严重的地区和果园，应在花蕾期、幼果期及果实成熟前各喷药1次。药剂可选用64%杀毒矾可湿性粉剂600倍液或58%瑞毒霉锰锌可湿性粉剂800倍液，或者90%的乙膦铝400～500倍液。

③采后以低温结合浸药处理：可在产地采后用冰水溶解药液浸果，特克多1 000毫克/公斤或扑海因250倍液，在10℃左右浸10分钟。晾干后运回冷库继续预冷，将果温降低至7～8℃，再在冷库内选果包装。若不用冰水浸果，则在药剂处理后，迅速运回冷库，以强冷风预冷至上述温度。洪启征等（1986）认为防腐剂只能在短期内减少果实腐烂率，而不能抑制生理病害和控制

果实的生命活动，随着贮藏时间的延长，果实腐烂率会急剧增加。

2. 荔枝酸腐病

（1）发病症状 荔枝酸腐病多为害成熟果实，果实多在蒂端开始发病，病部初期呈褐色，以后逐渐变为暗褐色，病部逐渐扩大，直至全果变褐腐烂。内部果肉腐化酸臭，外壳硬化，暗褐色，有酸水流出。病部生有白色霉状物（病菌的分生孢子。）

（2）发病原因及条件 荔枝酸腐病病原菌为 *geotrichum candidum*，属地霉属真菌。

落到荔枝果实上的分生孢子吸水萌发后由伤口侵入到果实内。成熟果实被荔枝蝽象、果蛀蒂虫为害或采果时受损伤的果实容易感染此病。病菌侵入到果肉内吸取养分，同时分泌酶以分解熟果的薄壁组织，致使果肉败坏不堪食用。

（3）防治方法

①果园防虫：在果园应防治荔枝蝽象及果蛀蒂虫的为害。

②注意采收：在采收、运输时，尽量避免损伤果实和果蒂。

③采后处理：采后荔枝果实用 500 毫克/公斤抑霉唑 + 200 毫克/公斤2,4-D浸果,对防治酸腐病有一定的效果。

3. 荔枝果皮褐变

（1）发病症状 荔枝果实表面部分或全部变成浅黄褐色至深褐色。后期引起腐烂。

（2）发病原因及条件 荔枝果皮褐变是一种生理病害。一般认为荔枝褐变腐烂的原因是采后果实本身的生理代谢变化，以及外界环境条件和微生物侵染的共同结果。

①旺盛的呼吸代谢促进果实衰老：荔枝果实采后呼吸作用旺盛，比一般的水果呼吸强度高，从而大量消耗果实的内含物质，促使果实迅速衰老。经冷藏后的荔枝，在回复到高温条件下，呼吸代谢剧增，这是荔枝货架寿命短的重要因素之一。

②乙烯代谢及其影响：荔枝果实的乙烯产生量并不高，但主

要集中于果皮上，其果皮的释放量是果肉和种子的数10倍。经低温贮藏后的荔枝，一旦回复到高温（常温）条件下，乙烯释放量也剧增，促使果皮褐变和果实衰老。用乙烯吸收剂有降低褐变、提高好果率的效果。因此，荔枝最忌与其他果实（如香蕉等）混装。

③酶的作用：荔枝果皮中含有大量的酚类物质和氧化酶类。果皮的褐变与这些物质直接相关。在贮藏和采后运用各种抑制酶活性的措施，以及抑制氧化的措施，均有延缓果皮褐变的作用。

④水分损失与低温冷害引起褐变：荔枝含水量大，果皮薄，细胞排列疏松，极易失水。贮运过程中若无高湿条件，也会促进褐变的发生。有些品种在4℃条件下也会发生冷害而引起褐变。

（3）防治措施　荔枝是非跃变型果实，低温能明显抑制其呼吸作用。荔枝装在塑料薄膜袋中，保持较高的相对湿度，再加高酸钾或活性炭等乙烯吸收剂，对荔枝保色保质有一定的作用。常用的做法如下：

①塑料小袋包装、低温贮藏：经防腐剂处理后，荔枝放在0.03毫米厚的塑料薄膜袋中，在2～4℃下贮藏，保存时间为1个月。

②气调贮藏：在2～4℃条件下，氧3%，二氧化碳5%，40天后荔枝基本保持原有的色、香、味。抽氧充氮也有利于保持荔枝的鲜红颜色。

③采后药剂处理延缓褐变：下列化学防止荔枝褐变的方法有一定效果，可结合实际试验选用。a. 2%的亚硫酸钠＋1%柠檬酸＋2%氯化钠溶液浸果2分钟；b. 1%氯化钠＋2%的亚硫酸钠＋5%柠檬酸。处理后的荔枝必须装入厚度0.03～0.04毫米的聚乙烯塑料袋内，采用加冰运输或2～4℃的低温下贮藏。

④熏蒸法护色：国家农产品保鲜工程技术研究中心研制生产的荔枝护色熏蒸剂，可较好地保持果实的色泽，并兼有一定的防腐作用。

（十一）柿子贮运病害

1. 柿子黑斑病

柿子黑斑病是柿子贮运期间常见的病害。

（1）发病症状　被害处初期形成黑褐色、稍凹陷的圆病斑，后来病斑扩大呈黑色圆形或不规则形病斑。

病斑上生黑色霉状物。

（2）发病原因及条件　柿子黑斑病是由链格孢 *Allternaria alternata*（Fr.）Keisser 菌侵染造成的，病原菌属于链格孢属真菌。

链格孢菌广泛分布于空气中、土壤内、植株病残体及工具上。经风雨传播，在果实成熟、抗病性逐渐降低时，从伤口处侵入，显症、产生孢子后再侵染。冷害、机械伤是病害的重要诱因。病原菌适应的温度范围较广。分生孢子在5～40℃下均可萌发。0℃时如果湿度高仍可滋生，故薄膜袋密封包装时往往发病较多。

（3）防治措施

①柿子黑斑病病原菌主要来自田间，田间防治尤其重要。清理果园，加强田间管理，减少侵染源。同时，加强田间的药剂防治也很重要。在贮藏前库房、容器要严格消毒。

②贮藏过程中要严格控制温度和湿度条件。

2. 柿子软化

（1）发病症状　柿子贮藏过程中，随着果实的成熟衰老，果实明显软化。这是其生物学特性所决定的，采用一定的方法，可延缓果实的软化。

（2）发病原因及条件　果实软化是其生物学特性所决定的，高温和乙烯都对果实的软化起促进作用。采用一定的方法，可延缓果实的软化。

（3）防治措施

①掌握适宜的采收成熟度：拟贮运的柿子，宜在果实已经达

到应有的大小，皮色刚转黄，种子呈褐色时采收。

②选择耐藏品种：广东、福建的元宵柿，陕西乾县的木娃柿，陕西三原的鸡心黄柿，河北赞皇的绵羊柿，冀、豫、鲁、晋的大磨盘柿等较耐贮藏。

③冷藏或气调贮藏：冷藏温度 0 ~ -1℃；MA 贮藏对延缓柿子软化有一定效果，需要在包装内放入足够量的乙烯吸收剂；气调贮藏的气体指标为：氧 3% ~ 5%，二氧化碳 5% ~ 8%。

（十二）鲜枣贮运病害

1. 鲜枣炭疽病

枣炭疽病常在果实近成熟期发病。果实感病后常提早脱落，品质降低，严重者失去经济价值。该病菌除侵害枣果外，还能侵害苹果、核桃、葡萄、桃、杏、刺槐等果实。

（1）发病症状　果实发病在果肩或果腰的受害处，最初出现淡黄色水渍状斑点，逐渐扩大成不规则形的黄褐色斑块，中间产生圆形凹陷病斑，病斑扩大后连片，呈红褐色，引起落果。病果着色早，在潮湿条件下，病斑上能长出许多黄褐色小突起（病原菌的分生孢子盘）及粉红色黏性物质（病原菌的分生孢子团）。剖开前期落地病果发现，部分枣果由果柄向果核处呈漏斗形、黄褐色，果核变黑。重病果晒干后，只剩枣核和丝状物连接果皮。味苦，不能食用。轻病果虽可食用，但均带苦味，品质变劣。

（2）发病原因及条件　病原菌为 *Colletotrichum gloeosporiodes* Penz.，属于刺盘孢属真菌。病菌以菌丝体潜伏于残留的枣吊、枣头、枣股及僵果内越冬。翌年，分生孢子借风雨（因病菌分生孢子团具有胶黏性物质，需要雨、露、雾融化）传播，昆虫如蝽象类也能传播，从伤口、自然孔口或直接穿透表皮侵入。从花期即可侵染，但通常要到果实接近成熟期和采收期才发病。该菌在田间有明显的潜伏侵染现象。

（3）预防措施

①清园管理：摘除残留的越冬老枣吊，清扫掩埋落地的枣吊、枣叶，并进行冬季深翻。再结合修剪剪除病虫枝及枯枝，以减少侵染来源。

②果园施肥：增施农家肥料，可增强树势，提高植株的抗病能力。冬季每株施入粪尿 30 公斤或其他农家肥，6 月份雨后施碳酸氢铵 3 公斤，花期及幼果期可结合治虫、治病，叶面喷施 0.4% 磷酸二氢钾和 0.4% 尿素 3 次。

③药剂防治：于 7 月下旬至 8 月下旬，两次喷洒 1：2：200 倍波尔多液，保护果实，既可防治枣锈病，又可防治炭疽病的感染。

④采后贮藏：鲜枣采后应在适宜的环境条件下贮藏。

2. 鲜枣黑霉病

枣黑霉病又称枣软腐病、根霉病，以鲜枣贮运时发生较多。

（1）发病症状　枣果受害后，病部果肉发软，先长出白色丝状物，然后在白色丝状物上长出许多针头般的小黑头（菌丝体、孢囊便及孢子囊）。

（2）发病原因及条件　病原菌为 *Rhizopus* spp.，属根霉属真菌。病菌孢子广泛存在于空气、土壤中及枣果面上。当枣果有创伤、虫伤、挤伤等伤口时，病菌从伤口侵入。采收后，由于果实含水量过高，当遇阴雨天未及时晒枣时，堆放枣易发生霉烂。

（3）防治措施

①清园管理：摘除残留的越冬老枣吊，清扫掩埋落地的枣吊、枣叶，并进行冬季深翻。再结合修剪剪除病虫枝及枯枝，以减少侵染来源。

②果园管理：加强果园肥水管理，适时喷施药剂进行保护。

③合理采收：采收时防止枣果损伤。

④采后处理：贮存前剔除伤口果，放在通风的低温处，防止潮湿。采后鲜枣应及时处理，防腐消毒，合理包装，并选择适宜的环境条件下贮藏。

3. 鲜枣青霉病

枣果青霉病也是枣贮藏期常见的病害。

（1）发病症状　受害果实变软、果肉变褐、风味变苦、病果表面生有灰绿色霉层，为病原菌的分生孢子串的聚集物，边缘白色，为菌丝层。

（2）发病原因及条件　病原菌同柑橘青霉菌相似。菌落绿色或灰绿色，分生孢子梗从菌丝上垂直伸出，无足细胞，具有隔膜，有分枝，顶层为小梗，小梗生念珠状单行排列的分生孢子。单个孢子为球形或卵圆形。病菌感染后，使枣果的果肉腐烂，组织解体，果胶外溢，表面发黏，具有特异的霉味，影响品质和食用价值。

（3）防治措施

①清园管理：摘除残留的越冬老枣吊，清扫掩埋落地的枣吊、枣叶，并进行冬李深翻。再结合修剪剪除病虫枝及枯枝，以减少侵染来源。

②果园管理：加强果园肥水管理，适时喷施药剂进行保护。

③库房处理：枣果入库前用甲醛熏库以杀死病菌。

④控制贮藏条件：大部分枣果应在0～－1℃冷库内贮藏，为保持90%～95%的相对湿度，推荐枣果采用专用的大枣微孔保鲜袋贮藏，这种袋既可保持袋内较高的湿度，又有良好的透气性。因为，一般认为2%以上的二氧化碳可加速大枣的软化。

4. 冬枣褐斑病

这几年，冬枣的生产量和贮藏量增加很快，2003年由于冬枣生长期间多雨寡照，大枣的田间带菌量和潜伏病害相对较多，冬枣的褐斑病发生也较多。

（1）发病症状　起初在果面上产生1个至数个褐色圆形针头大的斑点，逐渐扩大呈近圆形或椭圆形。

（2）发病原因及条件　病原菌为 *Alternaria* spp.，属链格孢属真菌。果实经过一段时间贮藏，抗病性有所降低后，潜伏的病原菌开始发病，即使在0～-1℃的贮藏条件下，病斑也发生，给人的感觉是病害的出现既突然又快。

（3）防治措施

①综合配套技术：王文生（2003）选用天津静海的冬枣，采用了微孔膜小包装冷藏综合配套技术。虽然在10月12日采收，但枣果的成熟度较低，平均可溶性固形物21%。控制品温为-0.7～-1.2℃，采用微孔膜折口包装，每袋装量5公斤，配合低剂量长时间的臭氧处理，贮藏3.5个月的冬枣，好果率98%。

②保鲜剂浸果：国家农产品保鲜工程技术研究中心研制生产的大枣液体保鲜剂，对控制和延缓黑斑病的发生有良好的作用，使用保鲜剂的，发病率显著降低，发病时间也有所推迟。

（十三）石榴贮运病害

1. 石榴曲霉病

（1）发病症状　果实病斑水浸状软化腐烂，潮湿条件下病部长出许多点状黑霉。

（2）发病原因及条件　病原菌为 *Aspergillus* spp.，常见的是黑曲霉，属于曲霉属真菌。初侵染源来自受污染的包装材料或工具，在高温条件下或果实抗性下降时，从伤口侵入果实。冷藏贮运过程中，受冷害的果实极易受感染，运输过程中受机械伤的果实常引发此病。

（3）防治措施

①果园管理：摘除残留的病果、枯枝等，集中深埋，以清除侵染来源。

②药剂处理：采后用50%多菌灵1 000倍液或45%噻菌灵悬浮剂800～1 000倍液，浸果3～5分钟，晾干后贮藏；贮藏量大时可用喷药的办法把上述药剂喷到果面上，晾干后贮藏。

③选择耐藏品种：耐藏性较好的品种有：陕西的大红甜、净皮甜；山东的青皮甜、大马牙甜、钢榴甜、青皮酸、马牙酸、钢榴酸、大红皮酸；山西的水晶姜、青皮甜石榴；云南的青壳石榴；安徽的玛瑙子石榴；南京的红皮冰糖石榴；四川的大青皮石榴；广东的深沃石榴等。

④贮藏条件：石榴是非约变型果实，采后无呼吸高峰，乙烯产生量极少。在较低的温度下贮藏会导致冷害，加重病害发生。故应控制贮藏温度在4～5℃，相对湿度在95%。

2. 石榴果皮褐变

（1）发病症状　在0℃的低温下贮藏较长时间后，内部籽粒色泽正常，而果皮产生褐变，影响果实的商品性。

（2）发病原因　低温所造成的冷害。

（3）防治措施

①采用薄膜单包果可减轻褐变的发生。

②控制贮藏温度在4～5℃，相对湿度在95%。有报道认为，气调贮藏可减轻果面的褐变，氧浓度为2%～4%。

（十四）山楂贮运病害

山楂属于小果，采收运输时容易造成机械伤，腐烂的原因除机械伤外，果实冻伤、湿度太高和高二氧化碳均可引起霉菌侵染造成大量腐烂。

1. 山楂褐腐病

（1）发病症状　褐腐病主要危害果实，病果褐腐不变形，腐烂部分有韧性，表面生有半球形绒状灰白色小点，失水后变为干硬僵果。

（2）发病原因及条件　病原菌为山楂褐腐串珠霉 *Moniliacrataegi* Died.，属于链盘菌属真菌。

（3）防治措施

①加强果园管理：及时清除树下和地面的病果、落果、病枝等，集中烧毁或深埋，以减少越冬菌源。

②采前处理：在病害盛发前喷施药剂，在9月上旬和下旬喷雾2次1∶1∶160～180倍的波尔多液，500～700毫克/公斤的苯莱特、托布津或多菌灵药液。

③选择健果、控制品温：果实在入贮和运输前，一定要仔细挑选，剔除病伤果和虫果。果实品温最好保持在0～-1℃，以控制病害的发生。

2. 山楂青霉病

（1）发病症状　发病山楂果实病斑浅褐色湿腐状，表面生青绿色霉层，常聚集成球状。

（2）发病原因及条件　病原菌为常见青霉 *Penicillium. spp.*，属青霉属真菌。常由机械伤口侵入。

（3）防治措施

①贮藏场所和容器应彻底消毒灭菌。

②剔除病伤果、避免机械伤：采收、包装、运输和贮藏等各个环节，都应尽力防止产生机械伤，以减少病菌侵入机会，并严格剔除病伤果。

③采后用杀菌剂处理：仲丁胺用于山楂防腐保鲜，有比较好的效果。如采用熏蒸法，通常每公斤果实用0.2～0.25毫升的仲丁胺原液，也可用300倍仲丁胺溶液、或1 000毫克/公斤的特克多溶液浸泡果实。

④适温贮藏：贮藏期间应保持0～-1℃低温，以减少青霉菌的生长繁殖。

3. 山楂轮纹病

（1）发病症状　果实发病，病斑褐色，初为圆形，后迅速扩大为不规则形，直至整个果实，病部有特别清晰的同心轮纹，烂果脱落或不脱落。

（2）发病原因及条件　病原菌为 *Physalospora piricola* Nose。发病期一般在 7 月份以后，贮藏期可继续发病。

（3）防治措施

①加强栽培管理：合理肥水，增强树势，以提高植株的抵抗力。发芽前喷雾 1 次 5 波美度石硫合剂，杀死附着在树体上的病菌。

②采前药剂处理：从 6 月上旬开始至 9 月间，结合防治其他病虫害，喷雾 3～5 次 160～200 倍波尔多液，保护树体，预防病菌侵入。

③采后防腐和控制贮藏条件：采收后用 1 000～2 500 毫克/公斤噻苯咪唑浸果，或采用 0.02% 仲丁胺洗果处理，对轮纹病有一定防治效果。

（十五）草莓贮运病害

1. 草莓软腐病

草莓软腐病是草莓贮运中的重要危害，在结果期间多雨的年份，田间就危害，但通常在贮藏期间危害较大。

（1）发病症状　病果变褐软腐，淌水，表面密生白色绵毛，上有点状黑霉，即病原菌的孢子囊，果实堆放，往往发病严重。

（2）发病原因及条件　病原菌为根霉属匍枝根霉 *Rhizopus stolonifer*（Ehrenb. ex Fr）Vuill.。广州地区，早春温度较高时，还有性殖根霉 *R. sexalis*（Smith）Call.。Harter & Weimer（1922）曾用 11 种根霉接种草莓，结果都能为害，但主要是匍枝根霉。

病菌广泛存在于土壤内、空气中及各种残体上。自伤口侵入，匍枝根霉的孢子萌发后，并不直接侵染，而必须生长到一定量后才能危害寄主。通常先在接触土壤的果实为害，潮湿情况下产生大量孢子囊，经风雨、气流扩散，进行再侵染。贮藏期间继续接触，震动传病。薄膜袋内，病害的蔓延都是由表面生长的菌丝体继续伸展再侵入，而不靠孢子萌发。由于病菌的菌丝体分泌果胶酶溶解细胞间的果胶层，结果使果实崩解，细胞间隙处积聚了果汁，最终造成淌水。温度对不同的根霉影响较明显，较低温度（15～23℃）时，匍枝根霉是主要病原菌；温度较高（23～28℃）时，性殖根霉较重要。

（3）防治措施

①田间管理：生长期间，最好铺一层地膜或稻草，使果实与土壤隔离。

②合理采收：小心采摘、装运，避免擦伤、撞伤。采收时，过熟果实不宜与正常成熟的果实混装一起。

③采后预冷：24小时内将温度降低到10℃以下。低温贮运十分重要，通常控制在5～8℃，使病原菌的生长大为减慢，当温度降低到0℃时，可显著抑制腐烂，性殖根霉迅速失去活力。

④辐照处理：国内有报道，用20万拉德γ-射线照射草莓，在0～1℃下冷藏，贮藏期可达40天。引起草莓果实腐败的病原体一般为灰霉、根霉、毛霉和疫霉。用20万拉德剂量辐照可显著降低草莓果实的霉菌数量，约减少90％，并消灭其他革兰氏阴性杆菌。辐照前进行湿热加热处理（41～50℃，因品种而异），效果更好，湿热处理后，辐照以15万拉德剂量较适宜。

2. 草莓灰霉病

（1）发病症状　在草莓上主要侵害蕾、花、浆果及花果梗，也可侵害叶及叶柄。青果受害如环境干燥，病果干腐形成暗褐色僵果；在已着色的浆果上，初期病斑淡褐色水烫状，以后迅速扩展并长出灰色毛状菌丝，变灰褐色并在顶端长出灰色粉状霉，即病菌分生孢子，最终整个浆果软腐。

（2）发病原因及条件　病原菌为灰葡萄孢霉菌（*Botrytis cinera* Person）属葡萄孢属真菌。该菌腐生性强，寄主范围广，菌丝可在2～31℃范围内生长，以20～25℃最适。低温干旱影响孢子形成。后期菌丝体可生成扁平鼠粪状菌核，大小约1～2毫米，表层为疏丝组织，内部为薄壁组织。有性世代为富氏葡萄孢盘菌。

病菌可以由菌丝、菌核及分生孢子在病组织及土壤和环境中以及其他基物上越冬。尤其是菌核和分生孢子，对恶劣环境抵抗能力极强。除移栽时苗株可以带菌外，环境中比较普遍地存在，空气中也有此菌孢子漂浮。所以，无论草莓种到哪里，总有此病发生。

病菌在死叶及病残组织上营腐生生活，次年草莓开花结果时，主要由气流传播。通常分生孢子在地面上 20 厘米高的空气中最多，地面上 300 厘米高处，分生孢子极少，故花腐、果腐的菌源主要是草莓本身的病残体。病菌在无伤口也能侵入为害，侵入果实后能潜伏到果实成熟，在环境条件适宜时发病。低温高湿有利灰霉病发生，病菌在 0℃ 的低温还可侵染草莓，并在其组织内外生长。所以采后速冻或贮运期控制温度在 2℃ 仅能延缓病害发展。草莓开花期最易感染，造成花腐。早开的花比迟开的花更易感病。花期多雨病重。蔓生型铺地过大的品种容易严重被害。

（3）防治措施

①田间管理：田间消除病残体，集中烧毁。注意排水，保护田间小气候的相对湿度在 80% 以下，最好在植株下铺一层薄膜或稻草，避免果实与潮湿土壤接触，减少杂草。

②适时喷药：多菌灵、速克灵均有效果，但要注意灰葡萄孢子是容易产生抗药性的真菌。

③控制贮藏条件：目前国外对草莓都是短期贮藏，最适宜贮温为 0~1℃，可保鲜 1 周。采后先用强通风预冷，一般经 1.5~2 小时可使产品降温到 0~1℃。贮运过程中切忌高湿度。

④采后药剂防腐：美国用脱氢醋酸钠 4 000 毫克/公斤浸 30 秒，允许残留量 65 毫克/公斤。有报道用同位素 ^{60}Co 射线辐照，15 万~20 万拉德剂量，贮藏期比不处理的延长 2~3 倍。

⑤气调贮藏：通常氧气为 3%，二氧化碳为 3%~6% 可保持 2 周。若二氧化碳提高到 20%~25%，虽然腐烂率大大减少，但

能造成果实软化、使果实产生酒精味等不良影响。

3. 草莓炭疽病

草莓炭疽病在美国、日本等草莓生产国都有发生，主要分布在温暖地区，可以造成烂果和植株萎蔫，有时损失较重。中国东部地区发生也较普遍，是一种不可忽视的病害。

（1）发病症状　叶片、叶柄、托叶、匍匐茎、花瓣、萼片和浆果都可受害。株叶受害大体可分为局部病斑和全株萎蔫 2 类症状。浆果受害，产生近圆形病斑，淡褐至暗褐色，软腐状并凹陷，后期也可长出肉红色黏质孢子团。

（2）发病原因及条件　草莓炭疽病的病原菌为 *Colletotrichum* spp.，属刺盘孢属真菌。病菌在病组织或落地病残物中越冬。次年花蕾期开始在近地面幼嫩部位侵染发病。病菌随病苗进行中远距离传播。在发病季中，分生孢子靠风雨传播，成熟期侵害浆果，如此反复侵染，导致发病加重甚至流行。草莓炭疽病为典型的高温高湿性病害，发病较早，从花蕾期开始发病，主要侵害近地面嫩叶、叶柄等，但病害盛行需 25～30℃时雨水击溅孢子传播侵染，故盛夏高温多雨时病害易流行。

草莓品种对炭疽病抗性有差异，芳玉、丽红等品种易感病，宝交品种较抗病。

（3）防治措施

①栽培管理：选用无病苗，不连作等措施能减轻病菌感染。

②药剂防治：可试用 50% 敌菌灵 500～800 倍液、百菌清 600 倍液、50% 代森锌 500 倍液进行喷雾，禾苗圃应在匍匐茎开始伸长时喷药保护，共 3～4 次。

③控制贮藏条件：见草莓灰霉病的防治。

4. 草莓黑斑病

草莓黑斑病在美洲、欧洲、日本等地均有分布，欧洲发生较重。在我国也是比较常见的病害。

（1）发病症状　病菌侵害叶、叶柄、茎和浆果。浆果多以贴地果受害，病斑黑色，上有灰黑色烟灰状霉层，病斑比较浅表，不深入果肉，但已丧失商品价值。

（2）发病原因及条件　病原菌为 *Allternaria alternata*（Fr.）Keisser，属链格孢属真菌。以菌丝体等在植株上或落地病组织越冬，靠种苗等传播，环境中的病菌孢子也可引起侵染发病。发育适宜温度 25℃左右。高温高湿天气有利于本病的侵染和发病。田间小气候潮湿也会加重发病。

品种抗性有明显差异，盛岗 16 最易感病。

（3）防治措施

①田间管理：及早摘除病老叶片并集中烧毁，减少菌源；选用抗病品种；加强栽培管理等。

②药剂防治：用多抗霉素 1%（保丽安）可湿粉 600 倍液在发病初期喷雾。

③控制贮运条件：采用适宜的温度、湿度和气体成分进行贮运，能较好地防止草莓黑斑病。

二、常见蔬菜贮运病害及其防治

（一）大白菜、甘蓝、花椰菜的贮运病害

1. 大白菜细菌软腐病

大白菜细菌软腐病又叫"脓白菜"、"腐烂病"、"烂疙瘩"等，白菜进入包心期以后开始发病。不仅在生长期发生，在贮运和销售中也能发生，造成的损失很大。

（1）发病症状　主要受害部位是叶柄和菜心。病菌主要从伤口侵入，若从根髓或叶柄基部侵入，则向上发展蔓延；若从外叶边缘和心叶顶部侵入，则逐渐向下向内扩展。病部初呈浸润半透明状，后发展为水渍状，变软黏滑，表皮下陷，上生污白色细菌溢脓。严重发病时可造成整棵菜软腐，并散发强烈硫磺臭味。

（2）发病原因及条件　在窖贮中，前期引起大白菜软腐病的病原菌为 *Erwinia carotovora* Subsp. *Carotovora* （Jones）Bergey et al.，属欧氏杆菌属细菌。北方地区后期引起大白菜软腐病的病原菌，以假单胞杆菌属细菌（*Pseudomonas* spp.）为主，这与贮藏后期大白菜植株本身的抗性降低有关。

田间软腐病的初侵染源主要为带病残体及土壤和堆肥、带菌越冬的媒介昆虫、带菌采种株。病菌主要由寄主伤口侵入，通过昆虫、风雨、肥水等传播。昆虫在传播病菌的同时，还起到接种的作用。贮藏期间的腐烂，主要源于田间已带菌感病的白菜。在采收、搬运及贮藏中出现的机械伤害以及冻害均可成为该病菌侵染的重要门户。

温度、湿度和雨水影响病原细菌的传播和发育，也影响媒介

昆虫的繁殖和活动及寄主的愈伤能力。在连续降雨的情况下，伤口便失去木栓化能力。在栽培管理方面，根据各地的经验，大白菜细菌性软腐的发生有以下特点：高田畦种植的一般发病少；前作或间作大麦和小麦、豆类、葱、蒜、韭菜类蔬菜发病少；前作或间作为瓜、茄类蔬菜的则发病较多；大量施用未腐熟有机肥料作基肥的菜地发病较多。

不同大白菜品种对细菌性软腐病抗性不同，疏心型比包心型的在田间发病少。抗性较强的品种有绿宝、天津青麻叶、北京100、北京106、豫白4号和1号、秦白3号、郑州二包头、小青口、81-5、福山包头、青杂5号、城阳青等。不同品种愈伤能力不同，直立型、青叶型品种愈伤能力较强，如开原白菜、秦白3号、城青2号等。

（3）防治措施　根据大白菜软腐病的发生和流行规律，在防治上应以防虫为重点，结合栽培管理进行综合防治。

①早期防虫：地下地上虫害均应从早期开始就着手防治，凡治虫好的地区，该病发生较轻。常用药剂为40%的乐果乳剂40～50克+90%敌百虫50克+水60～75公斤。

②合理播种：适时播种，播种或移植前都应翻耕晒土，采用高垄栽培，使用腐熟的有机肥作基肥或腐熟的人粪尿作追肥。南方高温地区可通过夏季覆盖地膜提高土温的办法，达到杀死和抑制土壤中软腐细菌的目的。

③采后适当晾晒：采后贮前应挑除病菜病叶，并进行适当晒菜，一般晴天晾晒一天较为适宜，晒菜失水应控制在5%左右。采取通风措施使菜体表面干燥，对减轻病害发生都有较好作用。

④菜窖应消毒：有条件应将温度控制在0±1℃，相对湿度为85%～90%为宜。

⑤药剂处理：采用生物农药"菜丰宁"喷洒或拌种，通常每亩菜地用"菜丰宁"100克，可减少软腐细菌从根系侵入，有良好的防病效果。

2. 大白菜灰霉病

（1）发病症状　贮运期染病的大白菜通常仅在外部叶片上产生病斑，而不深及叶球内部。病部呈褐色软腐状，并迅速扩展，上生典型的灰色霉层，即病原菌的子实体。一般不形成黑色块状菌核。如果病菌从茎部切口或叶柄基部入侵时，则可为害叶球内部组织，从而使整个叶球腐烂，造成更大损失。

（2）发病原因及条件　病原菌为灰葡萄孢霉 *Botrytis cinerea* Pers. ex Fr. ，属于灰葡萄孢属真菌。

病菌自伤口或萎蔫的外叶边缘侵入，采收及贮运期间所造成的各种机械伤口对诱发灰霉病有重要影响；大白菜的外渗营养物质是病原分生孢子萌发和侵染必要的条件；采收前后冻害是诱发病害的另一个重要因素。

实验表明，凡是过氧化物酶活性高和色素含量多的白菜品种均表现抗病，过量施氮肥会增加感病性。

（3）防治措施

①栽培管理：栽培上应注意避免过量偏施氮肥，做到适期采收，预防冻害。采收、运输、挑选时，应尽量减少各种机械损伤。

②控制贮藏条件：尽可能改善贮藏条件，当库温为0~2℃，相对湿度90%~95%时，对控制病害的发生和传播有明显抑制作用。

③化学防治：可在收获前1~2周喷施1次50%多菌灵1 000倍液或70%甲基托布津800倍液，对贮藏期防病有一定效果。

3. 甘蓝黑腐病

（1）发病症状　甘蓝黑腐病是一种细菌引起的微管束病害，其症状特征是引起维管束坏死变黑。在甘蓝上常导致叶脉变黑，豚间细胞失绿。

（2）发病原因及条件　病原菌为 *Xanthomonas compestrist* （Pammel）Dowson，属黄单胞杆菌属细菌。

病原菌在种子内和病残体上越冬，病菌在田间主要借雨水、昆虫、肥料等传播。成株叶片受染，病菌从叶缘水孔或害虫咬伤的伤口侵入，然后先侵入少数的薄壁细胞，再进入维管束组织，并随之上下扩展，可以造成系统性侵染。病菌生长发育的适宜温度为25～30℃，低于5℃时发育迟缓。

（3）防治措施

①选用无病种子：因病原菌可潜伏在种子内，因而在无病地或无病株上采种就成为预防病害发生的最基本方法。

②播种前种子消毒：与非十字花科蔬菜轮作倒茬。

③适温贮藏：采后病害均为采前已被侵染，在贮运中采用适宜的低温可控制病情的发展。

4. 花椰菜黑斑病

（1）发病症状　初期在花球上产生褐色的小斑块，水浸状，后颜色变深，斑块上不长褐霉，但花球变色败坏，失去商品价值。若继而被软腐细菌侵害，花球切口处软化腐败，流出污白色黏液，发出臭味，甚至花球上的病斑也被其侵染发臭，一旦并发，细菌很快通过昆虫、人手接触传播到其他健康花球上，造成较大损失。

（2）发病原因及条件　病原菌为 *Alternaria brassicicola*（Schw.）Wiltsh.，属链格孢属真菌。病菌主要以菌丝体和分生孢子在病残体、采种株及种子上越冬，可从寄主气孔或表皮直接侵入。贮藏期间的染病主要是田间时花球上已沾染病菌，在贮藏环境的较高湿度下，特别是薄膜包装贮藏时开始危害发病。

（3）防治措施

①田间防病：可在采收前2～7天用0.05%～0.08%的扑海因溶液喷花球。

②采收及采后贮运期间应轻拿轻放，尽量避免碰伤花球。

③适温贮藏：控制温度为1℃±0.5℃，温度不宜低于0℃，否则花球受冻，更易发病。

④保鲜剂处理加保鲜膜单球包装：目前，生产中多用保鲜剂熏蒸加单花球套袋的方法贮藏花椰菜，贮藏期可达2～3个月。具体方法是：将采后经挑选的花椰菜摆放在菜架上，然后用塑料搭帐密闭，每公斤菜按0.05毫升仲丁胺原液的剂量，密闭熏蒸12～24小时后开帐透气，用0.01毫米厚的低密度聚乙烯袋包装，一个袋一个花球，将口子折叠后贮藏。

5. 大白菜脱帮

（1）发病症状　大白菜在贮运期间，外层的叶片会逐渐变黄脱落，俗称"脱帮"。如果贮藏场所温度高，通风不良时，从11月采收贮藏到翌年3～4月，大白菜因脱帮的重量损失可达50%以上。

（2）发生原因及条件　有研究表明，大白菜脱帮与组织内乙烯积累有关。从贮藏条件上看，在高温、高湿条件下，脱帮损耗率较高。

（3）防治措施

①激素处理：在采前或采后用激素处理，对防止大白菜脱帮有一定效果，即在大白菜收获前2～7天，用25～50毫克/公斤的2,4-D钠盐水溶液喷施大白菜，或用同样浓度溶液采后浸根，有明显抑制脱帮的效果。

②控制和减少大白菜脱帮的首要因素是降低贮温：不使菜堆内发热，并注意经常通风换气，减少库内乙烯含量，后一点往往被恒温库贮藏所忽视，一定要引起注意。

6. 大白菜烧心病

大白菜烧心病为大白菜的重要生理病害，发生在田间，在贮藏期病情加重。

（1）发病症状　该病在外观上无明显异常，但在内部，自心部向外多层叶片变褐发苦，故名"烧心"。

（2）发病原因及条件　研究已确认大白菜烧心病为缺钙引起。国内研究认为，除秋季旱情外，与土壤pH值、过量追施铵态氮及水质碱性等有关。比较抗烧心病的种类和品种有：如碧玉、双青 156 等。

（3）防治措施

①如秋季干旱，应增加灌水量，尤其是追肥后要立即灌水。

②多施农家肥，少施氮素化肥。

③根外喷施钙肥。方法是在大白菜即将结球时，开始向心叶喷施 0.7% 氯化钙水溶液加 150 毫克/公斤萘乙酸，每隔 10 天喷 1 次。

（二）甜椒、辣椒贮运病害

1. 甜椒、辣椒细菌性软腐病

细菌性软腐病为甜椒和辣椒贮运期间常见病害，发病严重时损失较大。

（1）发病症状　发病初期病斑常出现在果梗附近，多为水浸状暗绿色病斑，很快扩展为大型水渍状黄褐色软腐，具有恶臭味，内部果肉腐烂，果皮变白，整个果实失水后干缩。

（2）发病原因及条件　病原菌为 *Erwinia Carotovora* Subsp. *Carotovora* （Jones） Bergey et al. ，属欧氏杆菌属细菌。

病原菌广泛分布于土壤内和果实病残体上，贮库内也因污染常有大量病菌存在。在贮运中，病原菌主要由果柄的剪口、果面伤口及裂口侵入果实，一旦侵入，迅速造成腐烂。贮藏时，部分果实腐烂流出的带菌汁液，会导致病菌的大量扩散，使果实严重受害。

（3）防治措施

①轮作倒茬：栽培甜椒和辣椒时，应与菜豆、豇豆、大豆或玉米等作物轮作，以减轻危害。避免与十字花科、茄科、葫芦科植物换茬。

②科学采摘：应在晴天露水消失后采收，尽量减免产生机械

伤。最好用剪刀逐个剪果采收，果柄留长 1 厘米左右，剪口要求平整，有利于伤口愈合，也可减少彼此间刺伤。

③贮藏场所和包装容器使用前要用0.5% ~0.7%的过氧乙酸喷洒消毒。

④适温贮藏：控制贮藏温度在 9℃ ±1℃，可减少或延缓发病，也不会发生冷害。

2. 甜椒、辣椒灰霉病

灰霉病是甜椒和辣椒贮运期最重要的病害之一，特别是遭冷害后更加严重，以早春或冬季发生最多。

（1）发病症状　果实上病斑水渍状，大小有异，形状不规则，褐色。如发生在受冷害的果实上时，病斑灰白色，上生灰色霉状物，即病原菌的子实体。病斑多发生在果实肩部。

（2）发病原因及条件　病原菌为 *Botrytis cinerea* Pers. ，属葡萄孢属真菌。病原菌广泛存在于贮藏场所和贮藏用具上，采收、运输过程中擦伤、压伤、冷害等都为灰霉病发生创造了条件。

（3）防治措施

①减免各种机械伤害：日本的研究者报道，手摘采收时果柄因感染灰霉菌的发病率达 98.9%，而用剪子采收时为 31.1%，所以采收时用剪子或刀片剪断果柄，可减轻发病；

②防止冷害的发生：一般认为甜椒的冷害临界温度是 8℃。实际上不同地域生长的甜椒的冷害临界温度也一定差异，冷凉地区生长的甜椒冷害临界温度要比暖和地区的低。

③在 5 公斤装的甜椒专用透湿、透气包装袋内，放入仲丁胺原液 1 毫升，对灰霉病的发生有一定的抑制作用。甜椒一般不宜进行浸果防腐处理。

3. 甜椒、辣椒炭疽病

甜椒、辣椒炭疽病是一种常见病害，分布普遍，危害也比较严重。

（1）发病症状　果实受害病斑呈褐色，水渍状近圆形或不规则形，有稍隆起的同心环纹斑，其上生出许多黑色小点，周缘有湿润性的变色圈。果实被害后易干缩，病斑呈膜状似羊皮纸，易破裂。炭疽病又可分为黑色炭疽病和红色炭疽病，黑色炭疽病主要发生于成熟果实上，病斑上生出的小黑点较大，较黑，潮湿条件下小黑点处能溢出黏物质。红色炭疽病仅为害果实，成熟果和幼果均能受害，病斑近圆形，黄褐色水渍状，病斑上密生橙红色小粒点（分生孢子盘），略呈同心环状排列，潮湿条件下整个病斑表面溢出浅红色黏物质。

（2）发病原因及条件　病原菌为多种刺盘孢菌引起。如 *Colletotrichum ccapsici*（Syd.）Butl. &. Bisby，属刺盘孢属的辣椒盘孢菌，引起黑色炭疽病；*Colletotrichum coccodes*（Wallr.）Hughes，属刺盘孢属的果腐刺盘孢菌，引起红色炭疽病。

分生孢子附着在种子表面，以菌丝潜伏在种子内，或以菌丝体和分生孢子盘随病残体上越冬，成为第二年初侵染源。病菌多由寄主的伤口侵入，发病后病斑上产生新的分生孢子，通过风、雨、气流及昆虫等进行再侵染。

对辣椒炭疽病抗性较强的品种有 8819 线辣椒（陕西）、天椒 1 号（甘肃）、皖椒 1 号、苏椒 2 号、湘研 10 号和 11 号、杭州鸡爪辣椒、铁皮青、吉林 3 号、柿子椒等。

（3）防治措施

①及时清除病叶、病果及病残株。

②加强田间管理：合理密植，棚室要合理通风，避免高温高湿。注意排水，适当增施磷、钾肥。

③发病初期及时喷药防治：常用药剂有：50%甲基托布津可湿性粉剂400～500 倍液，或 80%代森锌可湿性粉剂 500 倍液，或75%百菌清可湿性粉剂 600 倍液，或1：1：200倍的波尔多液。每隔7～10 天喷 1 次，共2～3 次。

4. 甜椒、辣椒疫病

（1）发病症状　果实染病后，先出现水渍状斑点，暗绿色，后病斑迅速扩展，果皮变褐软腐，果实多脱落或失水变成淡褐色僵果。病果表面易产生白色紧密的霉层，即病菌的孢囊梗及孢子囊。果皮内有灰白色菌丝及孢子囊。病果易受细菌二次感染，产生异臭。

（2）发病原因及条件　病原菌为 *Phytophthora capsici* Leonian.，属疫霉属辣椒疫霉菌。

卵孢子可直接或萌发成游动孢子侵入寄主幼根或根颈部，伤口有利于病菌侵染。影响病害发病严重程度的最主要因子是土壤湿度，土壤含水越高，发病越快越重。特别是大水漫灌，甜椒根颈部浸没在水中，极易造成毁棚。平畦栽培、连作地等病害发生也较重。

抗病性较强的种类和品种有：天椒 1 号（甘肃）、亨椒 1 号（江西）、赣丰 1 号（江西）、湘研 10 号等。

（3）防治措施

①田间管理：加强栽培管理，注意通风透光，防止湿度过大，选择晴天灌溉，灌水后注意提温降湿。要避免高温、高湿，及时拔除病株并处理。

②采前防治：发病初期喷洒 40% 乙膦铝可湿性粉剂 200 倍液；或 75% 百菌清可湿性粉剂 600 倍液；或 64% 杀毒矾可湿性粉剂 500 倍液，每亩施药液 40 公斤，隔 7～10 天 1 次，连续 2～3 次。也可用 45% 百菌清烟熏剂，每亩 250～300 克，病害严重时用药间隔可缩短。

③避免同瓜、茄果类蔬菜连作，可与十字花科、豆科蔬菜轮作。

5. 甜椒二氧化碳伤害

（1）发病症状　遭受高二氧化碳伤害的甜椒起初出现褐色凹陷斑点，严重时会造成全果软烂。

（2）发生原因及条件　一般认为甜椒对二氧化碳气体比较敏感。在贮藏中由于呼吸作用甜椒不断地释放出二氧化碳，如果二氧化碳不能及时排除，其浓度超过2%~3%时，往往会发生二氧化碳伤害，其结果是腐烂率大大增加。

（3）防治措施

①垛藏时不要堆积太紧，垛也不宜过大，以免气体交换不畅，二氧化碳浓度积累过高。

②不少人采用搭帐贮藏甜椒，一个多月后发现腐烂比编织袋内的果实严重。失败的原因多数与帐内高二氧化碳积累有关。所以，搭帐贮藏甜椒时一定要采用透帐法（核心是不密封，并且经常揭开帐透气，做到保水透气）并且在帐底部放入适量熟石灰，但注意不能直接接触甜椒。

③采用0.01~0.02毫米的聚乙烯薄膜小袋单包果，将袋口折叠。

④选用国家农产品保鲜工程技术研究中心推广的甜椒专用保鲜袋或微孔袋，并结合液体防腐熏蒸剂的使用，可使品质良好、采收、运输、预冷和贮藏等环节均到位的甜椒，贮藏1.5~2个月。

6. 甜椒冷害

（1）发病症状　遭受冷害的甜椒萼片和种子色泽变深，果面出现凹陷小斑点，随之受害部位被病菌侵染引起腐烂。有时受冷害的果实在低温下未表现症状或症状较轻，但转移至室温下2~3天后，就会表现出冷害症状，并随之迅速腐烂。

（2）发病原因及条件　甜椒对低温很敏感，贮藏温度较长时间低于9℃，就会发生冷害。冷害也有可能在晚秋栽培的甜椒采收前即发生。这种在田间就受了冷害的甜椒不能用于贮藏，否则会造成很大损失。一般来讲，温度较高的地区生产的甜椒比温度寒冷地区生产的甜椒容易遭受冷害。

（3）防治措施　除非进行3~5天的短期周转外，应避免在冷害临界温度以下贮藏。

（三）番茄贮运病害

1. 番茄链格孢菌病（早疫病、钉斑病、假黑斑病）

贮藏期间，番茄果实上由链格孢菌引起的病害有 3 种，即早疫病、钉斑病、假黑斑病。通常为害轻，但如贮运不善，番茄遭冷害，病果便大量增加。

（1）发病症状 早疫病，又称轮纹病，病斑多发生在近蒂处或果面裂缝部位，圆形至不规则形，稍凹陷，呈褐色或黑色，上面长有绒状的黑色菌丝体和分生孢子，略具同心轮纹，但通常不造成严重腐烂。

钉斑病在未熟果和成熟果上均可发生，在成熟果上病斑坏死部分可深及种子，而在未熟果上，坏死部分较浅，病斑暗褐色，近圆形，边缘清晰。

假黑斑病常为二次寄生，在原有病斑上继而生产大量黑色霉状物。但上述 3 种病害仅靠肉眼较难区分。

（2）发病原因及条件 番茄链格孢菌病由链格孢属真菌引起。其中早疫病病原菌是 *Alternaria dauci f. sp. solani*（Ell et Mart）Neerg.；钉斑病病原菌为 *Alternaria tenuissima*（Fr.）Wiltsh.；假黑斑病病原菌为 *Alternaria alternata*（Fr.）Keissl.。

早疫病菌和钉斑病菌的菌丝体残留在植物残体上过冬，种子也能携带病菌传染。菌丝体和分生孢子生活力很强，适应范围也很广，孢子萌发可直接或通过伤口侵入组织。贮运期间发生的病害，一部分由田间病果混入引起，但果实遭冷害时，抗性降低，果实和果库中存在的病原菌即乘虚而入，引起病害。假黑斑病菌近于腐生菌，随处均有，贮藏期间有一定的接触传播。

比较抗病的种类和品种有：粤农 2 号、小鸡心、早雀钻、陇番 5 号和 7 号（甘肃）、青海大红番茄、豫番 1 号、满丝、奇果、强丰、毛粉 802 等。

（3）防治措施

①剔除病伤果：严格剔除田间已发病的果实或有灼伤、脐腐和裂口等伤害的果实。

②适温贮藏：控制贮藏温度不低于番茄的冷害温度，对绿熟果贮藏温度一般推荐为10~13℃，成熟果（坚熟期果）可在0~2℃下贮藏。

③催熟处理：对质量较好的番茄果实，如能在15~21℃迅速催熟，可防治贮运中的早疫病。

2. 番茄晚疫病

番茄晚疫病主要发生在绿熟期的果实上，但成熟果亦发生，在贮藏期间引起的损失较大。

（1）发病症状　典型症状是出现褐色至锈褐色近圆形的大斑，一般在近蒂处开始发病，病斑与健康组织界线不明显，初期表现为灰绿色云状斑纹，进一步发展为深褐色稍硬的斑，表面略发皱且下陷，严重时会侵染到内部组织，最终使果实呈水渍状腐烂。

（2）发病原因及条件　番茄晚疫病病原菌为 *Phytophthora infestans*（Mont.）de Bary，属疫霉属致病疫霉，与马铃薯晚疫病同一病原。

田间病株为发病的菌源。病原菌在20℃和高湿下发育最快，贮运期间的病果是田间已被侵染的果实发病或传染的。果实入库挑选时，外部无任何症状，但内部病菌正处于扩展期，如果贮藏温度较高时，4~5天后病斑即陆续出现。

比较抗病的种类和品种有：昌大红、罗城3号等。

（3）防治措施

①田间防治：生长期间田间药剂防治及其他综合措施应用的好坏，直接影响果实采后发病轻重。目前，田间常用的药剂有：代森锰锌、瑞毒霉、乙膦铝、波尔多液等。

②选取健果：田间染病严重的地块所收获的果实，不宜进行

贮藏和较长距离的运输。

③适温贮藏：对绿熟果，在10～13℃的温度下贮藏，可稍微推迟发病。

④短时高温处理：当田间已发生晚疫病时，可将采收后的果实在18～21℃下存放4～7天，目的是在包装贮藏前，让晚疫病充分发展，从而有效地把病果筛选掉。

3. 番茄酸腐病

酸腐病是导致番茄腐烂的一种发生较普遍的病害。在运输及市场销售中常受害，造成一定损失。

（1）发病症状　在绿番茄上，病斑暗淡，油渍状，后呈污白色。最初腐烂是从裂果、伤口或穿孔处发生，但常在果蒂边首先发病。在组织烂透之前，受侵染的组织一直比较坚硬。病果后期暗白色，水渍状，散发出酸味，并在表皮破裂处产生白色厚粉状的病原菌。成熟或正成熟的果实上受侵染的组织变软，果皮常爆裂，其上长满白色厚粉状的菌丝体和节孢子。腐烂发展迅速，细菌性软腐病往往跟着酸腐病后发生，更加速果实腐败，增加酸臭味。

（2）发病原因及条件　番茄酸腐病病原菌为 *Geotrichum candidum* f. *parasitica* 或 *G. penicillatum*（de Carmo-sousa）Arx，属地霉属白地霉。

病菌在土壤内、腐烂的果蔬中广泛分布。贮运期间的初侵染源多来自田间黏附带菌土粒的果实上。酸腐病菌不能侵入无破伤的果皮，黄猩猩蝇等昆虫往往把白地霉的节孢子和菌丝碎段从腐烂果实上传播到健果的果蒂、果皮裂开处及虫伤处发病。冷害也是发病的条件之一。

（3）防治措施

①精细采收，避免机械伤。

②包装时剔除裂果和遭受机械伤害和受过冷害的番茄。

③采收后快速预冷，将果温降低至12～15℃。

④采用仲丁胺或克霉灵（含 50% 的仲丁胺）熏蒸防腐。

4. 番茄软腐病

番茄软腐病对贮藏的番茄为害较大，感染速度较快，对绿熟番茄更易侵染，因而要特别重视。

（1）发病症状　发病初期症状为果面湿润，迅速扩大蔓延，呈褐色，有臭味。已经染病的部分与健康部位界线明显，受病部位果肉腐烂溶化与果皮脱落，并呈柔软黏滑状态，待数日后果皮完全破裂，果肉浆汁流出，臭味重。

（2）发病原因及条件　番茄软腐病病原菌为 *Rhizopus stolonifer*（Her. ex Fr）Vuill.，属根霉属真菌，与苹果、桃软腐病是同一病原菌。

病菌一般由伤口或裂缝处侵入到果实内部，导致发病。因此，在贮运期间，应避免机械伤或其他伤害。一般温度在24～30℃或更高，同时湿度较高时容易发病，在空气流通不良时，此病发生也重。

（3）防治措施

①尽量避免机械伤害或其他伤害。

②加强田间管理，结果期间防止蛀果害虫。

③田间喷药。可田间喷施72%农用硫酸链霉素可湿性粉剂4 000倍液，或77%可杀得可湿性微粒粉剂 500 倍液。

5. 番茄实腐病

（1）发病症状　此病发生在成熟度较高的果实上，在果实蒂部和裂口部分易患病，患病部分呈褐色或黑褐色，在周围水渍状的病斑中部出现凹陷，后期病斑上形成同心轮纹，密生小黑点。被腐坏的果实，一直可以达到果实内部。患病部位较坚实，如果没有致病细菌再次侵入，果实常不软化腐烂。

（2）发病原因及条件　番茄实腐病病原菌为 *Rhizoctonia solani* Kuehn，病原菌分生孢子在遇到足够水分时发芽，由果实伤口入侵到内部。这时，菌丝休生长迅速，大量新的分生孢子器开始发育。因此，有裂缝（生理裂果）、各种伤口的果实，较易感染此病。

（3）防治措施

①避免连作，收获后及早清理病残物和深翻晒土。

②加强肥水管理，结合防治其他病害进行喷药保护。

③避免机械伤害或其他伤害，注意防治蛀果害虫。

6. 番茄炭疽病

（1）发病症状　此病主要发生在成熟果实上，最初由果实表面呈现有细小的半透明斑点，渐次扩大成黑褐色凹陷，大的病斑表面出现轮纹，有红色黏质物（孢子块）侵入果肉内部。由于这种病的产生，又能引起其他病菌的侵入，导致果实腐败，产生较大损失。

（2）发病原因及条件　番茄炭疽病病原菌为 *Colletotrichum-coccodes*（Wallr.）Hughos，属刺盘孢属果腐刺盘孢菌，也叫番茄刺盘孢菌。

病原菌发育温度范围很广，最低 6~7℃，最高 34℃，最适温度为 25℃。一般认为，番茄被侵染主要由土壤中的病菌借雨水飞溅到靠近地面的番茄上，侵入后呈被抑侵染，果实成熟时才表现病斑。贮运中的病果主要源于田间已被侵入而外观无病的果实，发病后可继续再侵染。

（3）防治措施

①防止冷害：将果实贮藏于适宜的低温下，既对病害发生有一定控制侵染，又要防止冷害，不成熟的番茄受冷害后也会发生炭疽病。

②及时清除病残果。

③药剂处理：发病初期或收获前喷 50% 甲基托布津 1 000 倍液，或 50% 多菌灵 800 倍液，或 75% 百菌清 1 000 倍液，复配使用优于单用。

④采后防腐参考番茄酸腐病。

7. 番茄细菌性溃疡病

（1）发病症状　病菌侵染番茄果实后，往往由于番茄果实成熟度不同，出现的症状也不一样。在绿色果实上斑点很小，呈浅白色逐渐变为褐色。在成熟果实上，有褐色圆形较大的斑点，斑点的周围有白色的光轮，但在果实内部受害不多，而在果皮有破裂现象。有时在果实外部没有病症表现，但在内部经过果柄导管系统，不仅使果实变软部分遭到破坏，同时也使种子受到侵染。

（2）发病原因及条件　病原菌为 *Coryebacterium michiganese* pv. Michiganense（Smith）Jensen，属于密执安棒杆菌番茄溃疡病致病型细菌。病菌可在种子内、外及残体上越冬，并可随病残体在土壤中存活 2～3 年。该菌主要由伤口侵入，包括损伤的叶片、幼根，也可从植株茎部或花柄处侵入，经维管束进入果实的胚，侵染种子脐部或种皮，致种子内带菌。此外，还可以从叶片毛状体及幼嫩果实表皮侵入。温暖潮湿，结露持续时间长及暴雨多发病重，有喷灌的大棚或温室，果实易染病。

（3）防治措施

①对生产用种子要严格检疫，严防其传播蔓延。

②应遵循精细采收、避免各种损伤的原则，贮运期间不能使果实处于冷害温度以下。

③采后可使用仲丁胺或克霉灵熏蒸果实。用药量一般按每公斤果实需 30～35 毫克仲丁胺计。

8. 番茄脐腐病

（1）发病症状　番茄脐腐病发生于果实的脐部，故称脐腐病，属生理病害。病部初呈水浸状，暗绿色，病斑直径通常为 1～2 厘米，有时可以扩展到半个果实甚至面积更大，病部很快呈暗褐色或黑色，其下部的果肉组织崩溃收缩，被害部分呈显著扁平状。

（2）发病原因及条件　一般认为，水分供应失调是诱发此病的主要原因。通常在多雨季节过后接着干旱，或前期灌水过多，后期不灌水，植株骤然遭受干旱的情况下发病严重。也有人认为是植株不能从土壤中吸取足够的钙素，致使脐部细胞的生理代谢紊乱，失去控制水分的能力而引起发病的。该病在未成熟绿果和幼果上容易发病，而成熟果不易发病。

果皮光滑、果实较尖的品种较抗病，如奇果、长春 1 号。

（3）防治措施

①在贮运前连同其他病伤果一起被剔除。

②适当及时灌水：尤其结果期更应注意水分均衡供应，灌水应在上午 9～12 时进行。

③根外追肥：番茄着果后 1 个月是吸收钙的关键时期，可喷洒 1% 的过磷酸钙，或 0.5% 的氯化钙加萘乙酸，从初花期开始，隔 15 天 1 次，连续喷 2 次。

9. 番茄冷害

（1）发病症状　遭受冷害的果实呈现局部水浸状凹陷斑或全部水渍状软烂或蒂部开裂，有的果面出现褐色小圆点，也有时表现不能正常成熟。受冷害的番茄很容易感染其他引起腐烂的病菌。

（2）发生原因及条件　番茄性喜温暖，成熟果实可贮在 0～2℃，但绿熟果的贮藏适温为 10～13℃，低于 10℃时会发生冷害。绿熟番茄在田间可能就会受到低温伤害。田间、运输和贮藏中所受的冷害有累积作用，在田间受到短期冷害的番茄，在运输和贮藏中只要短期处于冷害临界温度以下就可能表现冷害症状。

（3）防治措施　将果实在适宜的温度下贮运，避免低于冷害临界温度。

（四）茄子贮运病害

1. 茄子褐纹病

（1）**发病症状** 一般初生浅褐色圆形或椭圆形稍凹陷的病斑，后病部扩展引起果实腐烂，颜色变为暗褐色，病部表面常形成颜色深浅不同的同心轮纹，受害茄果上的病斑常首先发生于花萼，向上扩展到果柄，向下扩展至果实。

（2）**发病原因及条件** 病原菌是茄褐纹拟茎点霉 *Phomapsis vexans*（Sace. et Syd.）Harter，为拟茎点霉属真菌。有性态为茄间座壳菌，*Diaporthe vexans*（Sace. et Syd.）。

病菌主要在种子内外及病残体上越冬，茎叶病斑上的分生孢子是再侵染的主要来源。分生孢子萌发后，一般均由萼片处侵入，但也可直接侵入表皮，潜伏期7~9天。若遇高温高湿环境条件，病斑蔓延很快。田间染病后，贮藏过程中也能蔓延。

一般长茄子对褐纹病的抗病性优于圆茄子，白茄、绿茄强于紫茄、黑茄。耐病品种主要有北京线茄，成都竹丝茄，天津二根，吉林羊角茄，铜川牛角茄、灯泡茄等。

（3）**防治措施**

①田间综合管理：防治重点应放在田间的综合管理和防病上，实行2~3年轮作。

②合理采收：采收时，严格挑选健果进行贮藏，要特别注意萼片附近的果皮色泽有无变化。

③控制贮藏条件：采后控制病害发生的重点是搞好温、湿度的控制。一般将贮藏温度控制在10~13℃，并注意通风换气，保持90%左右的相对湿度。

④药剂处理：结果后开始喷洒75%百菌清600倍液，或64%的杀毒矾可湿性粉剂500倍液，50%苯菌灵可湿性粉剂800倍液，或1∶1∶200倍波尔多液，视天气和病情隔10天左右喷洒

1次，连续防治2~3次。

2. 茄子绵疫病

茄子绵疫病又称疫病、烂茄子、掉蛋等，全国各地均有发生。条件适宜时，病害发展很快，使大量果实和茎叶腐烂。

（1）发病症状　茄子绵疫病通常为害将要成熟的果实，感病后茄果呈现水渍状圆斑，病斑稍凹陷，而后逐步扩大蔓延至整个果实，果肉变黑腐烂。空气干燥时，病部长出稀疏的白霉状物，空气湿度大时，生出茂密的白色绵状物。

（2）发病原因及条件　病原菌为 *Phytophthora parasicica* Dast，属疫霉属辣椒疫霉。

病菌主要在土壤中或病残体上越冬，靠雨水、灌溉水等传播，可直接从茄果表皮侵入。贮运期间湿度大或茄果"发汗"都可造成严重烂果，并经接触传染，不断蔓延，但以田间发病更为主要。

一般圆茄比长茄抗病，在绵疫病发生严重的地区，可以选栽圆茄或其他抗病的品种。比较抗病的品种有：龙茄1号（黑龙江）、苏州条茄、内茄2号（包头）、紫长茄（江西）、华茄1号（湖南）、湘茄2号、北京九叶茄、天津灯笼红、灯泡茄、兴城紫圆茄、通选1号、贵州冬茄、四川墨茄、竹丝茄、青选4号等。

（3）防治措施

①加强田间管理：实行轮作，选择高低适中、排灌方便的田块，秋冬深翻，施足优质充分腐熟的有机肥；及时中耕、整枝，摘除病叶、病果；增施磷、钾肥。

②药剂处理：发病初期喷洒药剂，如75%百菌清600倍液，或64%的杀毒矾可湿性粉剂500倍液，40%乙膦铝可湿性粉剂200倍液，视天气和病情隔10天左右喷洒1次，连续防治2~3次。

③贮运时应严格剔除病伤果。

④控制贮藏条件：采后控制病害发生的重点是搞好温度和湿

度的控制。一般将贮藏温度控制在11～13℃，并注意通风换气，保持90%左右的相对湿度。

3. 茄子细菌性软腐病

（1）发病症状　茄子细菌性软腐病又称囊腐病。感病果实呈褐色，外观仍保持完整，内部果肉腐烂，具有恶臭味。

（2）发病原因及条件　病原菌为 *Erwinia carotovora* sub-sp. Carotoovra（Jones1901）Berg et al.，属欧氏杆菌属细菌。

病菌随寄主或病残体在大田及土壤中越冬。春后随风雨、灌溉和昆虫传播，经伤口侵入。茎部侵入途径主要来自整枝芽造成的大伤口，这种伤口一般很大，短期内难愈合，给病原侵入创造了条件。细菌侵入后分泌果胶酶溶解中胶层，致使细胞崩析、胞内水分外溢。

（3）防治措施

①避免生长期、采收期造成的各种伤口。

②及时清除田间病残植株，注意防治田间病虫害。

4. 茄子冷害

（1）发病症状　茄子遭受冷害后，果面表现水渍或褐色的凹陷斑点或斑块，内部种子和胎座薄壁组织也会变褐，长时间处于低温下时，整个果实表面会呈现虎皮色。

（2）发病原因和条件　当贮藏温度低于10℃时，会出现冷害。

（3）防治措施

①适温贮藏：防止冷害发生最有效的方法是把茄子放在适宜的温度下贮运，不使茄子存放于10℃以下的低温下。夏季的茄子对冷害更敏感，存放温度更应高点。

②注意控制贮藏期：茄子不适宜作长时间贮藏，即使在适宜贮藏温度和湿度下，一般贮藏期在25天左右。否则，在出库后零售期间会很快变质腐烂。

（五）菜豆贮运病害

1. 菜豆炭疽病

（1）发病症状　未成熟的豆荚感炭疽病后，豆荚上出现细小褐斑，并扩大成圆形或椭圆形，病斑色泽呈现中间黑周围淡，多个病斑常可合并成大斑。成熟豆荚染病后，病斑色泽较淡，边缘常隆起，中心凹陷以至穿过豆荚而扩展到种子上。

（2）发病原因及条件　病原菌为 *Colletotrichum lindemuthianum* （Sace. et Magn.） Briosi et Cav.，属刺盘孢属真菌。

病菌主要以潜伏在种皮下的休眠菌丝越冬。在田间，分生孢子可借风、雨及昆虫传播，从寄主的表皮和伤口侵入。该病发生的适宜温度为 17℃ 左右，最适的相对湿度为 100%，温度超过 27℃，相对湿度低于 92%，病害很少发生。温度低于 13℃ 时，病势发展缓慢。

比较抗病的品种有早熟 14 号菜豆、芸丰、东北地区的家雀蛋、大马掌及华中地区的黑籽四季豆等。一般蔓生品种比矮生品种抗病性强。

（3）防治措施

①田间防治：田间防治应从轮作倒茬、种子消毒、选用抗病品种和田间药剂保护等方面入手。可在发病初期喷雾防治，药剂可用 75% 百菌清可湿性粉剂 600 倍液，或 65% 代森锌可湿性粉剂 500 倍液，或 50% 甲基托布津可湿性粉剂800 ~ 1 000倍液，或 80% 福美砷可湿性粉剂 800 倍液，隔7 ~ 10 天用药 1 次，连续2 ~ 3 次。

②选择耐藏品种，短期贮藏：采后因菜豆贮藏难度较大，所以仅作短期贮藏，贮藏期一般在20 ~ 25 天，东北的油豆角耐藏性稍强。报道的耐藏品种有：青岛架都和丰收 1 号，其他耐藏品种是：萨克萨、大花玉豆、菜豆 12 号、双季豆、秋抗 6 号。

③控制贮温：拟贮藏的菜豆要严格挑选，适宜的贮藏温度为9℃±0.5℃，避免因温度过高引起菜豆加速老化和腐烂，也防止因温度低于8℃而发生冷害。此外，一定要做好预冷工作，保持库温的恒定，避免保鲜袋内结水和结露，这点也十分重要。

④采后的药剂防腐处理：可按每公斤菜豆用0.1毫升仲丁胺进行熏蒸处理。

2. 菜豆细菌性疫病

菜豆细菌性疫病又称火烧病、叶烧病，是菜豆常见的病害之一。除为害菜豆外，还可为害豇豆、扁豆、绿豆和小豆等。

（1）发病症状　果荚受害后，最初发生暗绿色油渍状小斑点，后扩大为凹陷的圆形或不规则形褐斑，严重时果荚皱缩，种子染病，种皮皱缩或产生黑褐色凹斑，种脐部有时也溢出黄色菌脓。

（2）发病原因及条件　病原菌为 *Xanthomonas campertris* pv. *phaseoli*（E，F. Smith）Dye.，属黄单胞杆菌属细菌，野油菜黄单胞菌菜豆疫病致病型。

（3）防治措施

①实行3年以上轮作，选留无病害的种子。

②加强管理：避免田间湿度过大，减少田间结露的条件。

③田间喷洒药剂：发病初期喷洒14%络氨铜水剂300倍液，或77%可杀得可湿性微粒粉剂3 000~4 000倍液，或72%农用硫酸链霉素3 000~4 000倍液。隔10天左右用药1次，连续防治2~3次。

3. 菜豆锈斑病

菜豆锈斑病是菜豆低温贮藏中常见病症，严重影响商品价值。

（1）发病症状　菜豆在贮藏过程中表皮出现褐色斑点，俗称"锈斑"。

（2）发病原因及条件　导致菜豆锈斑病的因素，主要是贮藏温度低或二氧化碳浓度较高。资料报道，菜豆在5~7℃下贮藏2周，可明显发生锈斑，并导致严重腐烂。8℃是锈斑发生的临界温度，低于此临界温度锈斑发生严重。温度与锈斑的发生呈高度负相关关系，而与腐烂呈高度正相关。此外，二氧化碳过量积累也是导致锈斑发生的重要因素，锈斑发生的二氧化碳临界值为2%。

（3）防治措施

①注意通风散热：菜豆贮藏时，要特别注意菜筐和堆内部的通气散热，以防止菜豆堆内温度高和过量二氧化碳积累。

②控制贮藏条件：贮藏温度控制在8~10℃，二氧化碳浓度控制在1%~2%。保持较高湿度和控制低二氧化碳浓度，有助于豆荚保鲜保绿。

③防腐处理：在8~10℃用微孔膜折口包装，每袋贮量不宜太多，大约5公斤左右比较合适。仲丁胺0.01毫升/升作熏蒸防腐有一定的效果。

（六）蒜薹贮运病害

1. 蒜薹灰霉病

灰霉病是蒜薹贮藏期最主要的侵染性病害。

（1）发病症状　通常先出现在薹梢的干枯部分，之后向薹苞发展，菌落由白变灰黑色，其次发生在薹梗基部，并逐步向上发展。该菌还可以从薹梗中部受伤处或坏死的组织侵入，形成腐烂断条。在干枯的薹梢上，菌落先呈灰白色，后变为黑色；在薹梗上发病时，病斑初呈黄色水浸状，呈圆形或不规则形，而后生灰霉状子实体。薄膜袋小包装低温冷藏时，发生灰霉病侵染的蒜薹，开袋后有强烈的霉味。

（2）发病原因及条件　目前，已报道的蒜薹灰霉病病原菌有两种：*Botrytis cinerea* Pers. 和 *Botrytis squan-mosa* Walker，都属

葡萄孢属真菌。

蒜薹贮藏期间的病原菌有部分来自田间，部分存在于贮藏库中。田间灰霉病的初侵染源为越冬菌核产生的子囊孢子和分生孢子；冷库蒜薹灰霉病的初侵染源为健康组织的表面带菌和坏死组织带菌。病原菌在田间和冷库的初侵染主要是通过伤口和衰老组织，在冷库中再侵染的菌丝可直接通过皮孔或直接穿透表皮。侵入的菌丝不仅可在蒜薹基本组织中蔓延，而且还在蒜薹的木质部和韧皮部中扩展。病菌侵入后繁殖较快，迅速产孢，可不断造成再侵染。

（3）预防措施

①冷库消毒：蒜薹入库前，要对贮库、包装和用具彻底消毒，可采用高效库房消毒剂和0.5%～0.7%过氧乙酸水溶液或3%～4%的次氯酸钠进行熏蒸和喷雾结合使用。

②充分预冷：蒜薹入袋前要快速充分预冷，使产品温度尽快达到0℃后再装袋。贮藏过程中严格控制品温在0～-0.7℃，如温度太低蒜薹会受冻害，温度波动太大容易导致薄膜袋内壁结露。

③严格控制贮藏环境的气体指标：采用薄膜小包装时，每袋装量为20公斤（不同地方有差异），扎紧袋口后冷藏。氧和二氧化碳的参考指标为：前期氧为0.7%～1.0%，二氧化碳为12%～14%；后期氧为1.0%～1.5%，二氧化碳为12%～13%。当氧浓度低于其下限指标或二氧化碳浓度高于其上限指标时（氧和二氧化碳的指标只要有1项达到），就应开袋放风。实践表明，按照上述指标，开袋放风周期一般为7～10天，应以气体测定结果决定开袋放风周期。

④避免长时间高氧：装袋、上架及解袋口放风等操作时，谨防将袋弄破，避免袋内高氧。采用硅窗袋贮藏蒜薹，一般硅窗面积是固定的，所以要求贮藏的装量和硅窗面积相匹配，袋子之间的装量差尽量要小，并通过测定袋内气体，及时调整袋内高氧

状况。

⑤采用专用保鲜剂、保鲜膜：采用国家农产品保鲜工程技术研究中心研制生产的蒜薹专用保鲜袋，加 CT - 蒜薹专用液体保鲜剂和蒜薹烟雾熏蒸剂，对防治灰霉病有良好的效果。具体做法是：蒜薹边入库预冷边进行液体保鲜处理，保鲜剂处理可用薹梢浸沾或喷洒的方法。即当蒜薹上架预冷时，用雾化良好的喷雾器对薹梢喷雾，并不停翻动薹梢，使喷雾均匀，薹梢干爽后，按使用说明采用烟雾剂熏蒸。

2. 蒜薹高二氧化碳和低氧伤害

（1）发病症状　蒜薹高二氧化碳伤害的症状：蒜薹受到二氧化碳伤害后，前期表现为薹梗上出现小黄斑，以后逐渐扩大为下陷圆坑或不规则的下陷，进一步发展使苔梗软化，水渍状腐烂，或陷坑扩大使薹梗折断。薹苞由绿色变为灰白色，进而发展为水渍状，严重时整个蒜薹成水煮状腐烂，色暗透明，有浓的酒精味与异味。

蒜薹低氧伤害的症状：从薹苞末端开始向下略褪色转黄而呈现灰白，薹梗由绿变暗并轻度发软。与二氧化碳伤害不同的是，发病蒜薹的苞片是干燥的，而二氧化碳伤害后薹苞是湿润的。

（2）发病原因及条件　贮藏前期蒜薹对二氧化碳的忍耐力较贮藏后期强。蒜薹如较长时间处于高二氧化碳环境中（采用放风法二氧化碳如较长时间在14% ~ 15% 以上）就会发病。蒜薹忍受低氧的能力较强，但如果长期在0.5% ~ 1% 以下的低氧条件下，可能产生低氧伤害。

（3）防治措施

①精确测气：采用氧、二氧化碳分析仪器对袋内气体逐日进行准确测定，抽样袋要有代表性，数量不少于 10 袋，根据测气情况，确定和推断开袋放风的时间。经常校正测气仪器，确保测定结果的准确性。

②严格控制气体浓度：一般普通袋内气调指标为：前期氧为

0.7% ~ 1.0%，二氧化碳为12% ~ 14%；后期氧为1.0% ~ 1.5%，二氧化碳为12% ~ 13%。当氧浓度低于其下限指标或二氧化碳浓度高于其上限指标时（氧和二氧化碳的指标只要有1项达到），就应开袋放风。不同产地、不同时间收购的蒜薹，要分区存放，分别测气，并正确决定放风时间。

③加强贮藏期管理：蒜薹采收期如果连续阴雨天气，导致蒜薹含水量高，固形物含量低，保护组织发育差，这样的蒜薹对高二氧化碳和低氧的忍耐力都降低，而贮藏期呼吸强度却往往较高。因而，如果收购这样的蒜薹，在贮藏管理期间，除了适当延长预冷时间，降低二氧化碳指标，保持氧指标不低于2%以外，要经常检查蒜薹的变化，发现异常情况，及时销售。

（七）瓜类贮运病害

1. 黄瓜贮运病害

（1）黄瓜绵腐病

①发病症状：瓜条或其他任何部位染病，起初为水浸状暗绿色，逐渐溢缩凹陷，潮湿时表面长出稀疏白霉，迅速腐烂，发出腥臭气味。

②发病原因及条件：病原菌为甜瓜疫霉 Phytopthora melonis Katsura，属疫霉属真菌。

该病为土传病害，以菌丝体、卵孢子及厚垣孢子随病残体在土壤或粪肥中越冬，翌年条件适宜长出孢子囊，借风、雨、灌溉水传播蔓延，寄主被浸染后，病菌在有水条件下经4 ~ 5小时产生大量孢子囊和游动孢子，借气流传播，使病害迅速扩散。病菌生长发育适温28 ~ 32℃，在适温范围内，土壤水分是此病流行的决定因素。

③防治措施：

a. 加强栽培管理。由于黄瓜疫病潜育期短，雨季蔓延快，抗病品种缺少，故应采取以加强栽培管理为主，结合药剂防治的综合措施。比如实行轮作；露地黄瓜采取高畦覆膜或作垄覆膜栽培，防止雨后积水，提高地温，促进黄瓜根系发育；田间发现病株、病瓜，应及时清除并喷药防治，常用药剂有：瑞毒霉锰锌、杀毒矾、乙膦铝、百菌清等。

b. 选择抗病种类和品种。目前尚无高抗绵腐病的品种，但有的品种如长春密刺、京旭等较抗病，但须注意的是抗疫病的品种常常不抗霜霉病和白粉病。

c. 控制贮藏条件。适宜的贮运温度为 11 ~ 12℃，适宜相对湿度为 90% ~ 95%，适宜的氧和二氧化碳浓度均为 2% ~ 5%。使用乙烯吸收剂清除乙烯对延缓产品衰老有明显的作用。

d. 选择耐藏品种。津研 4 号、津研 7 号、白涛冬黄瓜、漳州早黄瓜为较耐藏品种。

（2）黄瓜红粉病

①发病症状：常发生在生长后期和贮藏前期。果面病斑圆形或不规则形，淡褐色，边缘不明显，起初着生白色，后呈橙红色的霉状物（病原菌的子实体）。病斑下果肉淡褐色，发苦，不堪食用。

②发病原因及条件：病原菌为 *Trichothecium roseum*（Bull.）（Link），属单端孢属玫红单端孢菌。

病菌广泛分布在空气、土壤及各种病残体上，由伤口侵入。贮运中主要靠接触、震动、昆虫传播而再侵染。机械损伤、冷害是病害的重要诱因。

③防治措施：

a. 精心采收。采收不宜过晚，尽量防止果实碰伤、擦伤、压伤，采收时最好用剪或刀，避免用手拉拖，造成伤口。

b. 贮前药剂处理。贮运前以抑霉唑 750 毫克/公斤浸瓜半分钟，结合冷藏，效果较好。

（3）黄瓜灰霉病

黄瓜灰霉病常造成日光温室黄瓜大量烂果。贮运期管理和操作不善，可造成危害。

①发病症状：瓜条被害时，染病组织先变黄并生有灰霉，后霉层变为淡灰色，被害瓜条受害部位停止生长，瓜条腐烂，轻者烂去瓜头，重者全瓜腐烂。

②发病原因及条件：黄瓜灰霉病病原菌为灰葡萄孢 *Botrytis cinerea* Pers. et Fr. ，属于葡萄孢属真菌。

病菌的侵入能力较弱，所以往往由伤口和薄壁组织侵入。一旦在寄主后，就能迅速破坏寄主组织，并产生大量子实体，为害严重。低温高湿、黄瓜衰弱抗病能力差时，灰霉病易发生。

③防治措施：

a. 田间防病和正确采收。贮藏用黄瓜应采收植株中部生长的瓜，要求在瓜身碧绿，顶芽带刺，果形直条而种子尚未膨大时采收。

b. 控制贮藏条件。控制适宜的贮藏条件，避免冷害和高二氧化碳伤害。

c. 采防腐。采后用仲丁胺、克霉灵等药剂进行防腐处理。

（4）黄瓜冷害

①发病症状：受冷害后的黄瓜，初期症状是瓜面上出现大小不同的凹陷斑或水浸状斑点，以后扩大并受病菌侵染而腐烂。

②发病原因及条件：黄瓜与甜椒、番茄等一样，是对低温敏感的果实，在10℃以下即发生冷害。有时在低温下冷害的症状不很严重，但移到常温下则腐烂很快。

③防治措施：

a. 控制贮运温度。严格控制适宜的贮运温度是防止冷害的最有效的方法。适宜的温度为11～12℃。

b. 薄膜包装。采用薄膜袋包装贮藏，保持黄瓜的新鲜度，减少冷害的发生。

(5) 黄瓜发糠变黄

①发病症状：黄瓜采收后在常温下存放几天就开始衰老，表皮由绿色逐渐变为黄色，瓜的头部因种子继续发育而逐渐膨大，尾部组织则萎缩发糠，瓜形变成棒槌状，果肉绵软，酸度增高，食用品质显著下降。

②发生原因及条件：黄瓜的自然衰老和乙烯的诱导。黄瓜对乙烯气体十分敏感，即使极微量的乙烯也会加速黄瓜变黄。

③防治措施：

a. 防止乙烯伤害。贮藏时切忌与番茄、甜瓜、香蕉等释放乙烯较多的种类放在一起，黄瓜自身也会释放少量的乙烯，对其贮藏不利，应采用高锰酸钾等乙烯吸收剂去除。

b. 采用气调贮藏。适宜的气体成分为氧和二氧化碳浓度都是 $2\% \sim 5\%$，气调库内应安装脱除乙烯的装置。

2. 冬瓜贮运病害

(1) 冬瓜疫病

①发病症状：贮运中的病瓜为田间已感染而尚未发病的瓜。病斑出现后，初呈水浸状，圆形，暗绿色，稍凹陷，很快扩展，病部接着软腐，表面长白色稀疏的霉层。严重时整个瓜都腐烂，瓜面满布白霉。

②发病原因及条件：病原菌为隐地疫霉 *Phytopthora cryptogea* Pethybr. et Laff. 引起，属于疫霉属真菌。

病原菌以菌丝体、卵孢子及厚垣孢子随病残组织遗留在土壤中越冬，次年孢子囊在水中萌发产生游动孢子，通过雨水、灌溉水传播到寄主上。未充分腐熟的有机肥，特别是混杂有大量病死茎叶及烂瓜的垃圾肥，是田间发病的重要菌源。病菌生育适温为 $28 \sim 30\text{℃}$。贮藏期间的菌源来自田间堆贮的冬瓜。若贮运中湿度大，可不断接触传播，扩大蔓延。采收前的温湿度与贮运过程中的发病轻重有很大关系。前期多雨，后期干旱可使病菌侵入冬瓜但不发病，以致混进库内贮存，陆续发病，继续传播。

③防治措施：

a. 综合防治。目前在没有高抗品种的情况下，应采取综合防治的方法。如轮作倒茬、施用充分腐熟的底肥、拔除病株并集中烧毁等。喷药防治的方法是：自幼株起喷施瑞毒霉、杀毒矾等对卵菌纲真菌效果较好的药剂 2～3 次。根据农药施用要求可对拟贮藏的冬瓜，收获前喷 1 次 25% 瑞毒霉 600 倍液，尽量减少田间菌源。

b. 必须采收充分成熟的冬瓜贮藏。采收搬运时应小心轻放，避免造成损伤。

c. 控制贮藏环境。贮藏场所保持干燥、通风，相对湿度以75% 左右为宜。为此，贮藏冬瓜时，普通的聚乙烯和聚氯乙烯保鲜袋都不适宜用作包装材料。目前多数做法是，在库内菜架上裸放。

d. 烟雾剂熏蒸。采用果蔬烟雾剂进行熏蒸处理，一般入库初期熏蒸 1 次，贮藏中期再熏蒸 1 次，对防治冬瓜贮藏期病害有良好的在作用。

（2）冬瓜炭疽病

①发病症状：果实多在顶部染病，病斑起初呈水浸状小点，后逐渐扩大，呈圆形褐色凹陷斑，湿度大时，病斑中部长出粉红色粒状物，即分生孢子盘和分生孢子，病斑连片使皮下果肉变褐，严重时腐烂。

②发病原因及条件：病原菌为瓜类刺盘孢 *Colletotrichum orbiculare*（Berk. et Mont.）Arx，属刺盘孢属真菌。

③防治措施：

a. 田间管理。合理密植，及时清除田间杂草。选择沙质土，注意平整土地，防止积水，雨后及时排水。保护地栽培的，可采用烟雾剂或喷粉法施药。

b. 药剂处理。在发病初期喷洒 50% 甲基硫菌灵可湿性粉剂800 倍液 +75% 百菌清可湿性粉剂 800 倍液，或 50% 多菌灵可湿性粉剂 800 倍液 +75% 百菌清可湿性粉剂 800 倍液，混合喷洒，隔 7～10 天喷洒 1 次，连续防治 2～3 次。

c. 熏蒸处理。采用果蔬烟雾剂进行熏蒸处理，一般入库初期熏蒸 1 次，贮藏中期再熏蒸 1 次。或用克霉灵熏蒸，每公斤冬瓜用 0.1 毫升克霉灵。

d. 贮藏温度控制在 12～13℃，保持库内通风，以获得相对低的湿度。

3. 西瓜贮运病害

（1）西瓜炭疽病

①发病症状：果实受害，初为暗绿色油渍状小斑点，后扩大成圆形，暗褐色稍凹陷，凹陷处常裂开。空气湿度大时，病斑上长出橘红色黏状物，严重时病斑连片，使西瓜腐烂。

②发病原因及条件：病原菌为 *Colletotrichum orbiculare* (Berk. et Mont.) Arx，异名 *Colletotrichum lagenarium* (Pass.) Ell. et Halst.，属刺盘孢属真菌。

病菌主要在病残株上或土壤中越冬。分生孢子经人为因素、昆虫活动或风吹雨溅，传播到健瓜上。高湿度是诱发该病的重要因素。在适温下，相对湿度87%～95%时，扩展期只有3天，湿度越低，扩展期越长。湿度降低至54%时，就不发病。孢子萌发适温22～27℃，4℃下不能萌发，生长适温24℃，30℃以上或10℃以下即停止生长。西瓜对炭疽病的抗病性随成熟度而降低，故堆集、贮运中发病加剧。

抗病种类和品种有：85-26 西瓜（江苏）、金钟冠龙（台湾）、丰收 2 号、齐红（黑龙江）、郑杂 1 号、早花（河南）、翠宝（广州）、粤优 2 号、庆红宝、聚宝 1 号等。

③防治措施：参见冬瓜炭疽病。

（2）西瓜疫病

①发病症状：果实染病，形成暗绿色圆形水浸状凹陷斑，后迅速扩及全果，致果实腐烂，发出青贮饲料的气味，病部表面密

生白色菌丝，病健部边缘无明显病症。

②发病原因及条件：病原菌为甜瓜疫霉 *Phytopthora melonis* Katsura 和德雷疫霉 *Phytopthora drechsleri* Tucker，都属于疫霉属真菌。以菌丝、卵孢子随病残体在土壤中或粪肥里越冬，翌年产生分生孢子借气流、雨水或灌溉水传播。湿度大时，病斑上产生孢子囊及游动孢子进行再浸染。发病温度5～37℃，最适温度20～30℃，雨季及高温高湿条件下发病迅速。

③防治措施：

a. 田间管理。选择排水良好田块，采用深沟或高垄种植，雨后及时排水。

b. 药剂处理。发病初期就喷洒50%甲霜铜可湿性粉剂700～800 倍液，或35%瑞毒唑铜可湿粉剂800 倍液，或60%乙膦铝可湿性粉剂500 倍液，隔7～10 天施用1 次，连续防治3～4 次。

c. 在瓜蔓和瓜下铺一层草，或在瓜下垫衬薄泡沫板，可减轻发病。

（3）西瓜绵腐病

①发病症状：结瓜期主要为害果实。贴土面的西瓜先发病，病部初呈褐色水浸状，后迅速变软，致使整个西瓜变褐软腐。湿度大时，病部长出白色绵毛，即病原菌菌丝体。

②发病原因及条件：病原菌为 *Pythium aphanidermatum* (Eds.) Fitzp.，属腐霉属真菌，称为瓜果腐霉。病菌的腐生性很强，可以在土壤中长期存活，尤其在富含有机质土壤中存在较多，病菌随病株残体遗留在土壤中越冬，或在腐殖质中腐生过冬。湿度大时，有利于病菌的生长与繁殖。

③防治措施：参考西瓜疫病。

（4）西瓜焦腐病

①发病症状：西瓜采后通常在茎端先发病，逐步延及瓜身。病部变褐微皱，边缘不清晰，皮下果肉发黑，很快腐烂，后期病部长出许多黑色小粒，即病原菌的分生孢子器。

②发病原因及条件：病原菌为 *Botryodiplodia theobromae* Pat，属球二孢属真菌。

病菌可侵害许多植物，各种寄主的越冬病残体，次年都可成为初侵染源。主要由西瓜茎端的割口或碰伤、虫伤处侵入，尤以前者为多。由于分生孢子器产生较迟，而西瓜往往收割较早，再侵染不明显。病果混入贮运中后，运输途中陆续发病。

③防治措施：

a. 瓜园保持清洁，集中烧毁病叶病蔓。

b. 合理采收。小心采收，不宜在雨天收割。避免碰伤擦伤，运输中轻装轻卸，避免各种伤口产生。

c. 割口消毒。在茎端割口涂波尔多液膏或多菌灵浆。至少在收割时，把割刀向上提，使瓜茎留得长一些。如果在生长期间进行翻瓜，就可能扭伤茎端。因此，操作应细心。

（5）西瓜冷害

①发病症状：西瓜遭受冷害后，果实表面出现不规则的较小而浅的凹陷或不规则形较大而深的凹陷斑。前者色泽较暗，往往成片出现，使果面形成"麻子脸"状，严重时可遍及整个果面。后者多发生在西瓜生长时与地面接触呈黄色的部位，初期时果皮出现褐色斑块，随后凹陷。这种凹陷如发生在非黄色部位，则呈暗绿色。冷害严重的西瓜，果肉颜色变浅，纤维增多，风味异常。冷害症状常常在出库升温后变得更加明显，有些在低温下未显现症状的瓜升温后会有大量凹陷斑出现。冷害凹陷部位在升温后易被杂菌侵染，密生霉状物，用手轻轻触动，瓜皮即破，呈软烂状态。

②发病原因及条件：冷害是由贮藏或运输中较长时间遭受12℃以下低温伤害引起。

③防治措施：

a. 选择适宜贮温。为了避免冷害的发生，必须根据贮藏期的长短控制贮藏温度，贮藏期较长的应避免12℃以下低温。

b. 及时处理受害西瓜。当发现已有轻微的冷害发生时，应及时处理。不能将受冷害的西瓜在常温下继续搁置。

c. 贮前高温预贮。据报道，用贮前高温预贮的方法可减轻西瓜在低温中的冷害。例如，在贮藏前先将西瓜在26℃下放置4天，然后在7℃下贮藏8天后，还可在21℃下放置8天，基本上无冷害症状，98%～100%的西瓜可作为商品出售。

4. 南瓜贮运病害

（1）南瓜疫病

①发病症状：发病初期南瓜上发生直径约1厘米左右的圆形水浸状病斑，然后扩大，组织软化腐烂，以后病斑上生出白色绵毛状或白色粉状霉层（病原菌的分生孢子）。

②发病原因及条件：南瓜疫病有3种常见病原，即 *Phytopthora parasitica* Dast，为寄生疫霉；*Phytopthora capsici* Leonian，为辣椒疫霉；*Phytopthora melongenae* Sawada，为茄疫霉，均属疫霉属真菌。

以菌丝体或卵孢子随病残体在土壤中或粪肥里越冬，翌年产生分生孢子借气流、雨水或灌溉水传播，种子也可带菌，但带菌率不高。湿度大时，病斑上产生孢子囊及游动孢子进行再侵染。发病温度5～37℃，最适20～30℃，雨季及高温高湿条件发病迅速。

抗病种类和品种有：杂交种友谊1号南瓜（山西引进）。

③防治措施：

a. 瓜下垫衬。在瓜蔓和瓜下铺一层草，或在瓜下垫衬薄泡沫板，使果实与土面隔离，可减轻发病。

b. 生长期喷药。南瓜生长期间，喷施25%瑞毒霉500倍液。

（2）南瓜镰刀菌腐烂病

①发病症状：果面上初生水浸状小斑点，随病情发展迅速形成大斑，果肉软化腐烂。湿度高时，病斑上生出白色，后变红色的霉层（分生孢子）。

②发病原因及条件：病原菌为多种镰刀菌 *Fusarium* spp.，属镰刀菌属真菌。侵染主要在田间，收获或贮运中多从伤口侵入。

③防治措施：

a. 坐果时，瓜下铺垫麦草、薄泡沫板等，与地面隔开。

b. 晴天采收，避免各种损伤。

5. 甜瓜、哈密瓜、白兰瓜贮运病害

（1）甜瓜黑斑病

甜瓜黑斑病可为害生长期成熟的甜瓜，是贮运期的常见病害。

①发病症状：被害瓜形成褐色稍凹陷的圆斑，直径2～16毫米，外有淡褐色晕环，有时内具轮纹，逐渐扩大变黑，甚至变成不规则形。病斑上生黑褐色至黑色的霉状物，为病原菌的子实体；病斑下果肉坏死，呈黑色，海绵状，与健肉易分离。

②发病原因及条件：病原菌有多种，如半知菌亚门丝孢纲中的链格孢 *Alternaria alternata*（Fr.）Keissl.，甘蓝生链格孢 *Alternaria brassicicola*（Schw.）Wiltsh. 及瓜链格孢 *Alternaria cucumerina*（Ell. et Ev.）Elliott，都属于链格孢属真菌。前两者通常只侵害有伤或贮藏后期逐渐衰败的瓜果。

以上3种病菌都经风雨传播，在瓜果成熟，抗菌性逐渐低时才能侵入发病，产孢后再侵染。由于此时瓜已经成熟，病菌侵入扩展的速度较慢，再侵染作用不大。冷害、机械伤是病害的重要诱因。贮期长，果柄干缩，果柄处的果肉下陷，易被病菌侵入。病原温度适应范围较广，分生孢子在5～40℃均可萌发，0℃时，若湿度高仍可滋生，故薄膜袋密封包装，往往发病多。

③防治措施：

a. 田间防治。甘蓝生链格孢和瓜链格孢病源主要来自田间，故田间防治甚为必要。与棉、麦轮作，平整土地，在6月多雨季节，加强药剂防治等都有助于减轻病害。

b. 注意消毒。链格孢可存在于贮库空气中，故消毒贮库和容器也十分必要。

c. 防止机械伤害。伤口在发病中的作用很重要，所以在贮运中要防止机械伤害。

d. 控制贮藏条件。将甜瓜贮藏于适宜的温度下，一般为 3～5℃，防止冷害的发生，同时注意保持 75%～85% 较低的相对湿度。

（2）甜瓜腐霉病

①发病症状：病瓜初现水渍状斑点，后迅整扩大呈黄褐色水渍状大病斑，与健果部分界明显，最后整个瓜腐烂，且在病瓜外部长出一层白色茂密菌丝。

②发病原因及条件：病原菌有瓜果腐霉 *Pythium aphanidermatum*（Eds.）Fitz.，*P. butleri* Subram.，*P. myriotylum* Drechsler 及终极腐霉 *P. ultimum* Trow.。该类病原菌为土壤习居菌，在高湿条件下，侵入贴近地面的果实为害。

③防治措施：包括轮作、种子处理、土壤消毒、改善灌溉条件和采后冷藏等措施。

（3）甜瓜根霉病

①发病症状：病部变软，呈水浸状，具有比较清晰的界线。病瓜表皮常开裂，生出白色霉层，以后长出许多小球状孢子囊，由白变黑，腐烂处常有酸味。

②发病原因及条件：病原有葡枝根霉 *Rhizopus stolonifer* 和米根霉 *Rhizopus oryzae*，都属根霉属真菌。

③防治措施：

a. 生长开花期，喷施杀菌剂，预防侵害瓜花。

b. 小心采摘瓜果，并放入加热的杀菌剂药液中浸泡。

c. 病菌在 10℃ 以下扩展缓慢，冷藏时注意检查。

（4）甜瓜酸腐病

①发病症状：病部初呈水侵状软腐，以后覆有平展、稀疏粉

霉层。病果肉不失色，但呈水浸状软腐，腐烂伴随酸味。

②发病原因及条件：病原为白地霉 *Geotrichum candidum* Link，属地霉属真菌。

③防治措施：

a. 生长期喷施杀虫剂，以防害虫给瓜果造成虫伤诱发病害。

b. 可进行低温贮运，一般温度在10℃以下病菌很少扩展。

（5）甜瓜、白兰瓜、哈密瓜红粉病

①发病症状：常发生在贮藏前期。果面病斑圆形或不规则形，淡褐色，边缘不明显，上生初白色，后呈橙红色的霉状物（病原菌的子实体）。病斑下果肉发苦，不堪食用。

②发病原因及条件：病原菌为红单端孢菌 *Trichothecium roseum*（Bull.）（Link）。通常病症为橙红色或粉红色的霉状物，病斑下的果肉淡褐色，扩展较慢。田间患枯萎病的轻病株结瓜后亦可被害。

病菌广泛分布在空气、土壤及各种残体上，由伤口侵入。贮运中主要靠接触、震动、昆虫传播而再侵染。机械损伤、冷害造成的伤口是病害的重要诱因。哈密瓜、白兰瓜果皮缺乏愈伤能力，特别容易遭害，未成熟的果实不易被害。薄膜袋包装的湿度大，往往造成严重软腐。

③防治措施：

a. 采收不宜过晚。尽量防止果实碰伤、擦伤、压伤。采收时最好用剪或刀，避免用手拉拖造成伤口。

b. 维持适宜的贮藏环境。贮库应维持在白兰瓜5~8℃，哈密瓜在6~10℃，相对湿度低于80%，并注意通风换气，定期翻瓜检查。

c. 贮前消毒处理。贮运前以抑霉唑750毫克/公斤浸瓜半分钟，结合冷藏，效果较好。

（6）甜瓜、白兰瓜、哈密瓜白霉病

甜瓜白霉病又称镰刀菌果腐病，多在贮运期发病，在甜瓜类中，以白兰瓜、哈密瓜易受害。

①发病症状：多先在果柄处发生。病斑圆形，稍凹陷，淡褐色，直径10～23毫米，后期周围常呈水浸状，病部可稍开裂，裂口处长出病原菌白色绒状的子实体和菌丝体，后往往呈粉红色，有时产生橙红色的黏质小粒（病原菌的分生孢子座）。病果肉海绵状，甜味变淡，不久转紫红色，果肉发苦，不堪食用，但扩展速度较慢。

②发病原因及条件：病原由半知菌亚门中多种镰刀菌引起，其中以 *Fuusarium semitectum* Berk. et Rav.，*F. moniliforme* Sheldon Var.，*Subglutinans* Wolenw. et Reink.，*F. oxysporum* Schlecht，*F. solani*（Mart.） App. et Wollenw. 较常见。镰刀菌广泛存在于土壤内、空气中，一般都有腐生性，条件适宜时则能侵入为害。上述各种镰刀菌在不同的植物上都有致病报道，故大量分生孢子附在果面上，由伤口入侵，发病后进行再侵染。

③防治措施：参考甜瓜、白兰瓜、哈密瓜红粉病。

（7）甜瓜炭疽病

甜瓜炭疽病是田间常见病害，各瓜区均有发生，贮运期可继续为害。

①发病症状：果实病斑初为暗绿色水浸状小斑点，后扩大成圆形、凹陷的暗褐色病斑，凹陷处常龟裂。潮湿时，病斑上溢出红色黏质物，即病菌的分生孢子堆，严重时病斑连片造成瓜果腐烂。

②发病原因及条件：病原菌 *Colletotrichum orbiculare*（Berk. et Mont.） Arx，异名 *C. lagenarum*（Pass）Ell. et Halst，称葫芦科刺盘孢，属刺盘孢属真菌。

病菌主要以菌丝体或拟菌核（未发育成的分生孢子盘）在土壤中的病株残体或种子上越冬。越冬后的病菌产生大量分生孢子，是重要的初次侵染源。病菌分生孢子主要借风、雨水、流水、甲虫和人、畜活动进行传播。甜瓜在贮藏运输中病菌也能侵入发病。湿度是诱发本病的主要因素，在降雨多的年份，当温度在20~24℃、相对湿度在97%以上，发病最盛。当相对湿度低于54%，病害就不能发生。瓜果的抗病性，随着果实的成熟度而降低，贮藏运输期遇到潮湿环境易造成腐烂。

③防治措施：

a. 选择排水良好的少壤土种植，与非瓜类作物进行3年以上的轮作。

b. 施足基肥，增施磷、钾肥，提高植株的抗性。

c. 雨后及时排除田间积水，收获后把病蔓、病叶和病株清出田外、烧毁或深埋。

d. 药剂处理。发病初期开始喷药，常用药剂有：65%代森锌可湿性粉剂400~600倍液，70%代森锰锌可湿性粉剂500倍液，50%多菌灵可湿性粉剂500~700倍液，50%甲基托布津可湿性粉剂700倍液，80%炭疽福美可湿性粉剂800倍液，2%抗霉菌200倍液。每隔7~10天喷1次，连续2~3次。

e. 控制贮运条件。贮藏或长途运输的瓜，必须经过严格挑选，剔除病、伤果实。有条件时采用低温贮运或涂抹保鲜剂，温度最好控制在3~5℃左右。温度过高过低都易造成果实腐烂。

（8）甜瓜黑腐病

①发病症状：病部初呈水浸状，大致为圆形。有时带有轮纹。以后病斑色变深、凹陷、裂开。湿度大时，可生带白色的霉层。

②发病原因及条件：病原菌无性时期为茎点霉 *Phoma cucuelr bitacearum*（Fr.）Sacc.。

③防治措施：

a. 及时清除田园病残组织，防止污染健果。

b. 用无病菌污染的种子或对种子进行处理。

c. 贮藏期及时发现清除病果。

（9）甜瓜青霉病

①发病症状：发病后期病斑青绿色，稍下陷，直径3~5厘

米，病斑表面或病斑下的空洞中均可生长青绿色孢子堆。

②发病原因及条件：病原为青霉属真菌 *Penicillium* spp. ，其中以指状青霉 *Penicillium digitatum* Sacc. 较多。病菌分生孢子能抵抗不良环境件；各处广泛分布。

主要经刺伤、碰压伤、病虫伤等伤口侵入果实。但有时也能从皮孔、果面的自然小裂缝、萼凹及果柄处入侵，不过发病较慢。贮运期间主要是接触传播、震动传播，菌丝体进入果肉后，能分泌酶分解细胞壁的果胶层使细胞互相离析而呈软腐症状。

③防治措施：采摘、贮运过程中尽量防止产生伤口是防止甜瓜青霉病的最主要措施。

（10）甜瓜灰霉病

①发病症状：病部呈水浸状软腐，上生鼠灰色霉层。

②发病原因及条件：病原菌为灰葡萄孢霉 *Botrytis cinerea* Pers，收获时病菌可通过伤口或瓜柄处侵染。

③防治措施：

a. 果实采收时应在晴天进行，避免碰伤、压伤、挤伤。

b. 贮运中做好降温和通风。

c. 用特克多500~1 000毫克/公斤的溶液浸果1分钟，晾干后贮运。

6. 佛手瓜、苦瓜贮运病害

（1）佛手瓜炭疽病

①发病症状：整个生育期均可染病，果实上染病，病斑近圆形至不规则状，初呈淡褐色凹陷斑，湿度大时分泌出红褐色点状黏质物，皮下果肉呈干腐状，虽可深入内部但影响不大。

②发病原因及条件：病原菌为 *Colletotrichum orbiculare* （Berk. et Mont. ） Arx. ，称瓜类炭疽病，属刺盘孢属真菌。

③防治措施：

a. 抓好以肥水管理为中心的栽培防病。实施配方施肥，增施磷、钾肥，避免过量施氮肥，适时喷施叶面肥，适时适度灌溉，注意雨后清沟排湿。

b. 及早喷药保护。从开花结果期开始，喷施杀菌剂75%白菌清＋70%托布津(1：1)1 000倍液，或40%多硫悬浮剂600倍液，或40%三唑酮多菌灵1 000倍液，或45%三唑酮福美双800倍液，交替喷3～4次。

（2）苦瓜蔓枯病

①发病症状：果实染病，初期为水渍状小圆点，逐渐变为黄褐色凹陷斑，病部亦生小黑点，后期病瓜组织易变破碎，区别于苦瓜炭疽病。

②发病原因及条件：病原菌为 *Ascochyta citrullina* Smith，称西瓜壳二孢，属半知菌类真菌。

病菌以子囊壳或分生孢子器随病残体留在土壤中或在种子上越冬。翌年病菌靠风、雨传播，从气孔、水孔或伤口侵入，引致发病。种子带菌可远距离传播，播种带菌种子苗期即可发病，田间发病后，病部产生分生孢子进行再侵染。气温20～25℃，相对湿度高于85%，土壤湿度大，易发病。

江门大顶、槟城苦瓜、穗新2号、夏丰2号、湛江苦瓜、永定大顶苦瓜、89-1苦瓜、玉溪苦瓜、成都大白苦瓜、草白苦瓜等耐热品种抗病性较强。

③防治措施：

a. 丝瓜作砧木，苦瓜作接穗，进行嫁接栽培。

b. 与非瓜类作物实行2～3年轮作。

c. 选用无病种子，必要时对种子进行消毒。

d. 适时适量灌溉，雨后及时排水，棚室要注意科学通风降湿。

e. 发病初期，开始喷洒50%甲基硫菌灵或硫磺悬浮剂800倍液或75%百菌清可湿性粉剂600倍液，60%防霉宝超微可湿性粉剂800倍液，80%炭疽福美可湿性粉剂800倍液等，隔10天左右喷洒1次，连续防治2～3次。

（3）苦瓜炭疽病

①发病症状：瓜条染病，病斑不规则，初为黄褐色至黑褐色，水渍状，圆形，后扩大为棕黄色凹陷斑，有时有同心轮纹，湿度大或阴雨连绵时，病部呈湿腐状；天气晴或干燥条件下，病部呈干腐状凹陷，颜色变浅淡，但边缘色仍较深，四周呈水渍状黄褐色晕环，严重时数个病斑连成不规则凹陷斑块。后期病瓜组织变黑，但不变糟且不易破裂。

②发病原因及条件：病原菌为 *Colletotrichum orbiculare* （Berk. et Mont.） Arx.，称瓜类炭疽病，属刺盘孢属真菌。

抗性较强的品种主要有英引苦瓜、90-2 苦瓜、89-3 苦瓜。

③防治措施：参见佛手瓜炭疽病。

（4）苦瓜裂果

①发病症状：苦瓜开花后 2 周至苦瓜收获前，经常可见苦瓜裂开，种子暴露或脱落。

②发病原因及条件：一是成熟后易开裂；二是夏季突然遇有风雨袭击；三是染有蔓枯病的果实遇有上述情况更易开裂。

③防治措施：

a. 苦瓜采收期长，一般开花后 14～16 天即成熟，采收宜在太阳出来前用剪刀从基部剪下，中午或下午采收的苦瓜易变黄不耐贮运，影响商品价值。

b. 夏季要掌握在风雨来临前及时采摘，减少裂果。

c. 苦瓜染蔓枯病后果实易裂果，生产上要及时防治蔓枯病。

（八）马铃薯贮运病害

1. 马铃薯细菌软腐病

（1）发病症状　块茎发病自茎部或伤口处开始，表面淡褐色，病斑常呈不规则状，有较清楚的边界，病处细菌液脓外渗，块茎组织崩溃瓦解。细菌可以产生酶，分解组织中的中胶层，造成细胞彼此失去紧密联系，最后导致组织破坏，发生特殊臭味。

（2）发病原因及条件 病原菌为胡萝卜软腐欧氏菌 *Erwinia-carotovora* subsp. *Carotovova*（Jones）Bergey，此菌生长温度范围为0~40℃，最适为32~33℃，对氧气要求不严格，在pH5.3~9.3范围内都能生长，pH7.2为最适。

此病的初次侵染源主要是带有病株残体的土壤和未经腐熟的肥料。此外，在适宜条件下，腐烂组织中的病原细菌可借昆虫、雨水等媒介传播，使病害进一步扩展蔓延。此病原细菌的寄生范围十分广泛。除了为害马铃薯外，还可以为害番茄、辣椒、菜豆、豌豆、大葱、莴苣、胡萝卜等多种作物。软腐病细菌只能从伤口侵入引起发病，另外未充分成熟的块茎、夏季收获的块茎、水洗或雨淋过的块茎入库后都易发病腐烂；低温冻伤了的块茎，也易感病。

（3）防治措施

a. 品种选择。供贮藏的马铃薯一般选用秋季收获的品种。

b. 田间管理。生长后期应减少灌水，特别要防止积水，使块茎含水量减少，薯皮充分老化。

c. 愈伤处理。收获及运输时应尽量避免机械伤，收获后需要在较高温湿度条件下进行愈伤处理，以恢复被破坏了的表面保护结构。一般在温度为10~15℃，相对湿度为95%条件下，放置10~15天，然后在3~5℃下进行贮藏。

d. 注意贮藏环境。贮藏期间要进行必要的通风，防止二氧化碳积累，特别是防止潮湿最为重要。

2. 马铃薯镰刀干腐病

本病是马铃薯贮藏期间最普遍的传染性病害。通常马铃薯贮藏1个多月便会出现干腐。

（1）发病症状 被害块茎上病斑褐色，起初较小，缓慢扩展、凹陷并皱缩，有时病部出现同心轮纹，病斑下薯肉坏死，发褐发黑，严重者出现裂缝或空洞，裂缝间或空洞内都可长出病原菌，白色或粉红色的菌丝体和分生孢子，病斑外部还可形成白色绒团状的分生孢子座。此时若窖内湿度大，极易被软腐细菌从干腐的病斑处侵入，迅速腐烂、淌水，甚至整个块茎烂掉。

（2）发病原因及条件　病原菌为多种镰刀菌 *Fusarium* spp. 引起，其中最常见的是腐皮镰孢 *F. solani*（Mart. Sacc.，腐皮镰孢深蓝变种 *F. solani* var. *coeruleum*（Sacc.）Booth，其他还有燕麦镰孢 *F. avenaceum*（Cda. ex Fr.）Sacc，接木骨镰孢 *F. sambucinum* Fckl. 等。以腐皮镰孢最普遍，频率最高；而腐皮镰孢深蓝变种的致病性最强，在 25℃ 下，4～5 天便使块茎严重腐烂。

马铃薯收获后，病菌主要来自混进窖库的病薯、污染病土的健全块茎及箩筐工具，经接触、昆虫等传播，不断扩大为害，一般到翌年早春播种期达到发病高峰。在贮藏期间，相对湿度饱和时，细菌接着就会通过干腐病病斑侵染，迅速造成块茎残余组织腐烂。从软腐块茎上流出的细菌液和腐汁可扩散至周围的块茎。干腐病菌一般不能侵染块茎的周皮和皮孔，但是受了伤的马铃薯很易感病。在收获、贮藏分级和运输中最容易造成病菌侵染，此外，虫害、冻害的块茎也易受侵染。在相对湿度高，温度为15～20℃的情况下，干腐发展迅速，相对湿度降至70%，不会改变干腐的发展速度，但低温可以阻碍侵染和延缓病害的发展。

（3）防治措施

①避免伤害、选择健薯贮藏：收获、贮藏时要避免各种机械伤，入库前要精选种薯，剔除病薯、虫薯、伤薯。

②愈伤处理：保证贮藏初期有较高的温湿度和良好的通气条件，促进伤口愈合，减少病害的发生。一般在21℃及高湿下，外皮的伤口需3～4天才能愈合；15℃时约需8天；温度太低，不易形成愈伤组织。

③药剂处理：播种前可用药剂处理种薯，贮藏前要严格挑选。

④加强贮期管理：贮藏期间勤检查，发现病薯应及时剔除，减少传播。

3. 马铃薯环腐病

马铃薯环腐病是一种细菌性维管束病害，引起块茎沿维管束发生环状腐烂。

（1）发病症状　薯块外部症状不明显，纵切开后可看到薯块从基部开始维管束部分变成黄色或褐色，重病薯维管束变色部分可连成一圈，严重时甚至皮层与髓部可以脱离。用刀切开病薯后，用手挤压，可以看到维管束部分挤出乳白色或黄色菌溢。经越冬贮藏病薯芽眼干枯变黑，甚至有的外表开裂。如果有其他细菌或镰刀菌的进一步侵染，维管束亦可变黑并腐烂。

（2）发病原因及条件　病原菌为马铃薯环腐细菌 *Corynne-bacterium sepedonicum* Shaptason et Burkholder，属棒状杆菌属细菌。在自然情况下仅为害马铃薯。病菌的主要来源是带菌种薯。病薯播种后，在薯块萌发幼苗出土的同时，环腐病菌从病薯的维管束蔓延到芽的维管束组织中，随着茎叶的形成，病菌在导管中逐步发展成系统侵染。地下部的病菌也顺着维管束侵入匍匐茎，再扩展到新形成的薯块的维管束组织中，造成环腐。

（3）防治措施

①采前管理：该病的预防是在采前，主要把握选用无病种薯、整薯播种、减少切刀传病等。

②选择抗病品种：较抗病的品种有：郑薯4号、宁紫7号、乌盟601、长薯4和5号、高原3号和7号，同薯8号、克新1号、庐山白皮、丰定22、铁筒1号、阿奎拉等。

③低温贮藏：低温贮藏可明显降低该病的发病率。

4. 马铃薯晚疫病

马铃薯晚疫病是马铃薯生产上为害较大的一种病害。贮藏期间发病也较多。

（1）发病症状　发病后块茎上出现淡褐色或灰紫色的病斑，

形状不规则，稍下陷，病斑下面的薯肉呈褐色坏死。田间就可发病，侵染晚的病薯易混入贮藏库，进一步侵染块茎，贮藏环境湿度低时，病薯出现局部性干腐，湿度高时会腐烂掉。

（2）发病原因及条件 病原菌为 *Phytophthora infestans* (Mont.) de Bary，与番茄晚疫病为同一病原，属疫霉属致病疫霉。

病菌的寄主范围比较窄，在栽培植物中只能侵染马铃薯和番茄，马铃薯和番茄上的病原菌有交互侵染的能力。病菌在寄主组织内菌丝生长温度为10～25℃，最适温度为20～23℃。孢子囊形成的温度为7～25℃，最适18～22℃。田间初次侵染源主要是病种薯、患病番茄和茄子。贮藏期间的菌源主要是采收后混入贮库的病薯或者外观"正常"的病薯，入库后在条件适宜时发病。另外，发生晚疫病后的马铃薯容易发生并发症，容易受腐败病菌侵染而加速腐烂。

目前，推广的抗病品种有：东农304、郑薯4号、克新1号、2号和10号、抗疫1号、虎头、跃进、坝薯9号、渭会2号、晋薯6号和7号、胜利1号、四斤黄、德友1号、同薯8号、新芋4号、乌盟601、文胜2号、青海3号等。

（3）防治措施

①注意种薯选择：选用抗病品种和无病种薯，减少初侵染源。

②控制入库薯质量和贮藏环境：注意入库前分级、挑选、剔除病薯的工作，控制贮藏库温度3～5℃，要求空气流通。

③田间药剂处理：要控制田间发病，可喷洒1%波尔多液，40%三乙膦酸铝可湿性粉剂200液，或58%甲霜灵·锰锌可湿性粉剂或64%杀毒矾可湿性粉剂500倍液。

5. 马铃薯炭疽病

（1）发病症状 近收获期，靠近地面茎部发生暗灰色病斑，以后病斑表面密生黑色小粒点。根茎表面也密生或散生小黑粒点。贮存后，翌春薯块表面可看到直径3~6毫米的圆形或椭圆形凹陷病斑，深度为0~1.5毫米。病斑中央呈脐状，略隆起。

（2）发病原因及条件 病原菌为*Colletotrichum atramentarium* (Berkeley et Broome) Taubenhaus，属刺盘孢属真菌。病菌除种薯带菌外，被害茎、病根等也可带菌越冬。病菌还可侵染番茄、茄子、甜椒的根，引起黑点根腐病。

（3）防治措施

①避免连作，选用健全薯种。

②及时收集烧毁受害薯茎。

③薯块贮藏时，避免高湿。

6. 马铃薯黑心病

（1）发病症状 发病后，马铃薯块茎内部中心的部位出现大面积的浅灰色、紫色或黑色病斑。虽然通常它被限制在马铃薯薯块的心部，但是它可以呈辐射状到达薯皮。变色组织通常与健全组织周围明显地分开。为害组织可以脱水、收缩，在较长时间贮藏的情况下，薯块逐渐形成空腔。

（2）发病原因及条件 黑心病最初的发生是由于窒息，通常是贮藏期遇到高温和缺乏流通空气所导致的。在运输过程中马铃薯常会发生黑心。特别是当马铃薯受热和受冻之后更容易发生，如在36~40℃高温下，马铃薯呼吸作用旺盛，块茎本身产生的二氧化碳多扩散太慢，造成二氧化碳中毒，也会发生黑心。薯块长期贮藏在0℃也会导致黑心。

（3）防治措施

①控制贮温：避免贮运温度过高（超过21℃）或过低（近0℃）。

②注意通风：贮藏中马铃薯的薯堆不能堆得太高，适当通风，避免堆内二氧化碳过多，造成伤害。

③加强田间管理：在田间，当薯藤枯死后立即把薯块从热燥、干旱的土壤中移走。挖薯后避免把薯块留在干、热土壤中，

造成伤害。

7. 马铃薯冻害和冷害

马铃薯采收后，堆放在场院或入窖入库遭受冻害、冷害，在北方常见。马铃薯窖腐常与其有关。

（1）发病症状　马铃薯遭受冻害，块茎外部出现褐黑色的斑块，薯肉逐渐变成灰白色、灰褐色直至褐黑色。如局部受冻，与健康组织界线分明。以后薯肉软化，水烂，特别易被各种软腐细菌、镰刀菌侵害。受冷害的马铃薯往往外部无明显症状，内部薯肉发灰。由于形成还原糖，这类块茎煮面有一圈或半圈韧皮部呈黑褐色，严重的四周或中央的薯肉变褐，尤以茎端最易发生，如发生在中央，则易与生理性的黑心病混淆。

（2）发病原因及条件　马铃薯块茎遭受低温伤害，其症状的表现与低温持续时间和低温程度有关。如果温度低或在0℃左右持续相当长一段时间，则淀粉会转化为糖，马铃薯将有甜味。

（3）防治措施

①选择健薯：不将田间已经受霜冻、冷害的马铃薯入窖（库）贮藏。

②选择适宜贮藏温度：贮库温度宜保持在3.5～4.5℃，且库内有足够的氧气可供呼吸，故应适当通风。通常马铃薯在2.5～3.5℃已有较轻的冷害，0～2.5℃下冷害严重。

③防止淀粉转化：马铃薯应贮藏在2℃以上的温度才能阻止淀粉转化为糖，同时可防止块茎变褐、坏死、受冻或腐解。如果块茎已有甜味，应当转移贮藏到15℃下1～2周，使多余糖分通过块茎的呼吸作用被消耗掉，保证马铃薯原有风味。

④加强贮期管理：已受冻的薯块会变为红褐色或灰色，贮藏中应经常检查，可及时发现采取措施防止进一步受害。

8. 薯肉黑斑病

（1）发病症状　薯肉产生黑斑的部位是紧靠在块茎的表皮下面。最典型的是出现炭黑色斑，但也有轻度灰色或浅蓝色的。

色变区常在表皮下方0.15~0.63厘米处，但偶尔也可延伸到1.7厘米处的深度。维管束环之间有时也可以产生黑斑，伤痕面积初为粉红色，4~6小时后转为暗色，6~12小时变为灰黑色，以后逐渐褪成各种不同程度的灰色。在受伤薯表面，通常表现扁平或环状凹陷，在底层的组织往往木栓化。此种病害的发生一般与压伤有关，压伤和内部的黑斑多数发生在块茎的一边。

（2）发病原因及条件

①薯肉内部的黑斑是块茎下表皮受到足够严重的伤害所致。但伤害还不足以达到薯皮破裂的程度。压伤是在收获、运输和包装等其他操作过程中与硬物碰撞的结果。

②其他因素如营养状况、栽种日期、品种、土壤温度、成熟度、贮藏温度和二氧化碳浓度等也可引起病害发生。

③也有人认为块茎内淀粉含量高是致病的因素。

④低钾和块茎的膨压不够与黑斑病的增加相关，块茎黑斑与贮藏环境中二氧化碳浓度成正相关。

（3）防治措施

①避免压伤：避免对块茎的压伤是防止薯肉产生黑斑的最重要措施，马铃薯贮藏中不应当堆积过高，应妥善管理。

②品种选择：选择不易压伤的品种，保证适当的钾肥。

③避免干燥环境：在田间和贮藏期不应过分干燥。

9. 马铃薯芽块病

此病是芽块直接从薯块上产生，这是由于块茎贮藏的时间太长所造成。贮藏期间的温度偏高也会发生芽块病。防止此病的发生，不要使马铃薯贮藏时间过长。贮藏的薯块应放在冷凉的地方，延缓休眠期后萌芽。

（九）甘薯贮运病害

1. 甘薯黑斑病

甘薯黑斑病又称黑疤病，在甘薯整个生育期和贮存期都会发生，但主要是为害薯块和薯苗的茎基部，常引起冬季烂窖。

（1）发病症状　发病后，病斑上初生灰白色霉层，有时病斑上散生黑色刺毛状物，这是病菌子囊壳的长喙。

（2）发病原因及条件　甘薯黑斑病菌 *Ceratocystis fimbriata* Ell. et Hasted，属于子囊菌亚门。病菌无性繁殖产生分生孢子和厚垣孢子。菌丝生长最适温度为 $23 \sim 28.5℃$，最高为 $34.5 \sim 36℃$，最低为 $9 \sim 10℃$，菌丝及孢子的致死温度为 $51 \sim 53℃$，10分钟。

温度和湿度条件是影响本病发生的重要因素。病菌的发育温度和发病温度是一致的。在贮藏期，库温 $9 \sim 13℃$ 时病害发生很慢，超过 $14℃$ 小时，逐渐加快，到 $23 \sim 27℃$ 时并伴随高湿时发展迅速。过低的温度（ $9℃$ 以下），虽可抑制病菌生长，但常引起薯块发生冷害。贮藏初期，薯块呼吸增强，散发水分多，此时若温度高于 $20℃$，持续时间在两周以上，通气不良则有利于病害发生。贮藏中期，当温度为 $10 \sim 13℃$，病害停止发展，贮藏后期病情又有所发展。各种机械伤、虫伤、裂口的存在都会诱发黑斑病的发生。

（3）防治措施

①精选种薯：在出窖和播种时，严格剔除有病、有伤和受冷冻薯块。

②药剂处理种薯：用 50% 或 70% 甲基托布津可湿性粉剂 1 000 倍液，浸种 10 分钟；50% 多菌灵可湿性粉剂 800 ~ 1 000 倍液，浸种 5 分钟。配 1 次药液可连续浸种 10 ~ 15 次，其药效不减。

③适时采收安全贮藏：在采收、运输、贮藏过程中，应注意防止机械伤。采用新窖贮藏效果最好，旧窖需喷射1%福尔马林或用1∶30的石灰水进行消毒。

④高温愈伤处理：采用高温大窖处理薯块，利用简单的加温和散热设备，采后立即给予甘薯30～35℃的温度，并控制相对湿度为90%～95%，处理4～6天，这样可使甘薯被破坏了的表皮保护结构得以愈伤恢复。愈伤对甘薯贮藏非常重要，特别是对那些收获时或收获后短时间受冷的甘薯更为重要。经过愈伤的甘薯可以增强对黑斑病和软腐病的抵抗能力。

2. 甘薯镰刀干腐病

（1）发病症状　甘薯收获入窖后，于10月下旬至11月上旬开始表现出干腐状，而尤以出窖之前的症状最为明显。此病多从薯块顶端的薯拐处开始发病，继而深入至薯块内部，使薯肉靠近顶端处变成淡褐色至深褐色，而薯块的中心部分为灰白色海绵状糠腐。一般薯块病变仅达薯块的1/3处，不遍及整薯。受病组织收缩、干腐、变硬，呈木乃伊状。近藤拐处的病组织干缩似鼠尾状。在病薯的破伤处或薯皮裂缝处，常产生白色或粉红色霉层。

（2）发病原因及条件　主要由 *Fusarium oxysporum* Schlecht 和 *F. moniliforme* Sheld 以及 *F. solani*（Mart.）App. et Wollenw 引起。病菌孢子在16～34℃之间均可萌发，但以28℃为最适宜。甘薯镰刀菌干腐病的初次侵染源是在种薯上和土壤中的病原菌。带病种薯在苗床育苗时，病菌侵染幼苗，在田间呈潜伏状态。待甘薯成熟期，病菌可通过维管束到达薯块。发病的最适温度为25～28℃，超过34℃病情就停止发展。

（3）防治措施

①对种薯的选择：培育无病毒种薯，选用3年以上的轮作地为留种，实行高剪苗。

②防止机械伤害：采收时避免机械伤，入窖前剔除病薯、

伤薯。

③高温愈伤：有条件的地方入窖初期进行高温伤口愈合处理，减少病菌从伤口侵入的机会。

④抗菌剂处理：用"401"抗菌剂熏蒸，可防止此病。

3. 甘薯软腐病

（1）发病症状　薯块发病一般在有伤口处开始。最初薯块颜色无明显变化，随后病菌不断分泌原果胶酶，分解寄主细胞间的中胶层，导致细胞彼此失去联系，薯肉逐渐软化，病部组织变褐色腐烂。在适宜条件下，整个薯块在4~5天内即可全部腐烂。薯皮破裂流出黄褐色带有一种芳香酒味的汁液，后期变为酶霉味，病部为暗褐色，伤口处长出白色绒毛以及黑色小球状物，这是菌丝和孢子囊。

（2）发病原因及条件　甘薯软腐病菌为 *Rhizopus stolonifer* （Ehreb ex Fr. ） Yuill，属根霉属真菌。孢囊孢子萌发的适温为23℃，相对湿度为75%~84%，过高或过低都会降低萌发率。病菌的腐生性较强，寄生范围也较广。病害的发生与薯块的生活力强弱关系密切，薯块受冻，使其生理机能衰退，从而病菌极易侵入。薯块有伤口，愈合较慢的病害发生更重。

（3）防治措施：要避免采收、运输、贮藏中的机械伤。

4. 甘薯灰霉病

（1）发病症状　发病后，甘薯表皮皱缩，失去光泽，同时产生鼠灰色天鹅绒状霉层。发病初期薯块也略呈软腐状，很像软腐病，但后期病薯变为棕褐色，很容易干缩僵化，最后会变为僵薯。剖开病薯，其组织呈辐射状裂缝，其间有白色菌丝体。病薯表面后期形成不规则的淡紫黑色到黑色的菌核，紧贴表皮，大小在1.5~12毫米之间。

（2）发病原因及条件　病原菌为灰葡萄孢菌 *Botrytis cinerea* pers. ，属葡萄孢属真菌。病菌易从伤口侵入，受冻害的甘薯也易染病。发病适温为7.5~13.9℃，在20℃以上发病缓慢。

（3）防治措施

①避免机械伤害。在采收、运输和贮藏中要尽量做到避免碰伤、压伤、挤伤。

②贮藏于适宜的温度下，防止冷害和冻害发生。

③对贮藏场所和容器应彻底消毒灭菌。

5. 甘薯青霉病

（1）发病症状　受害薯块以芽眼为中心，附近生出白色霉状小点，以后逐渐扩大成蓝色绒毛状圆形小点。薯皮由红褐色变为浅褐色。受病组织柔软，发出霉味。病菌的分生孢子梗顶端分叉上生无色、单孢、圆形或椭圆形的分生孢子。该病多发生在贮藏中后期，发病适温12℃，在低于12℃时，伤口愈合慢的情况下易发病。

（2）发病原因及条件　本病是由 *Penicillium* spp. 真菌引起，属青霉属真菌。

（3）防治措施

①避免机械伤。采收、运输和贮藏等各个环节，都应尽力防止产生机械伤，以减少病菌侵入机会，并严格剔除病伤果。

②贮藏场所应彻底消毒灭菌。

③采后可用仲丁胺和特克多处理。比如，国家农产品保鲜工程技术研究中心研制的果蔬烟雾剂。

④贮藏期间应保持适当的温度，一般贮藏适温为13～15℃。

6. 甘薯冷害

（1）发病症状　冷害的症状是薯块内部变质，呈褐色或黑色，煮熟后有异味或硬心。受冷害的甘薯会大大增加腐败病菌的感染，极易腐烂。

（2）发病原因及条件　甘薯是对低温很敏感的蔬菜，贮于13℃以下即会发生冷害。未经愈伤处理的甘薯对冷害更加敏感。冷害可以发生在收获期和贮运期间，如收获过晚，田间植物已遭受霜冻，夜间最低气温降至0℃以下，甘薯则可能在田间就发生冷害。

（3）防治措施

①防止田间受冻：为避免田间冷害，落霜前要收获完毕。

②注意贮运温度：在贮运期间，要控制温度不低于 13℃。

（十）萝卜和胡萝卜贮运病害

1. 萝卜（细菌）黑腐病

萝卜黑腐病是萝卜的重要病害之一，全国各地都有发生。除萝卜外，还能为害白菜、甘蓝、花椰菜等十字花科蔬菜。

（1）发病症状　病株的肉质根被害，初为导管变黑，逐渐腐败，严重时内部组织干腐，变成空心，而外表却正常，不易看出。

（2）发病原因及条件　病原菌为 *Xanthomonas campestris* pv. *campestris*（Pammel）Dowson，属于黄单胞杆菌，病菌生长发育最适温度25～30℃，最高39℃，最低5℃，致死温度51℃经10分钟。

萝卜黑腐病病附于种皮内外和病残体遗留田间越冬，是第二年的初侵染源。入侵后病菌先侵染少数薄壁细胞，而后进入维管束组织，上下扩展，可以造成系统侵染。高温、多雨利于病菌生长繁殖和传播。所以，雨水多发病重，地势低洼潮湿田、连作田或虫害严重的田块病害也重。

主要抗病品种有：小缨紫花潍县萝卜（山东）、丰克一代（山西）、合肥青萝卜。

（3）防治措施

①从无病种株上留种，对有带菌可疑的种子用50℃温水浸种15～20分钟，取出立即投入冷水中，捞出晾干播种，或用50%代森铵200倍液浸种15分钟，水洗晾干播种。

②与非十字花科蔬菜实行2年以上轮作。

③加强栽培管理，适时播种，合理灌水，及时防治害虫。

④发病初期开始喷洒72%农用链霉素3 000～4 000倍液，或14%络氨铜水剂300倍液药剂防治。

⑤采用低温冷藏。

2. 萝卜黑点病

本病发生在生长期，收获的萝卜外观不易查觉，但内部变黑，商品价值大为降低。有时整块萝卜田几乎全部染病。

（1）发病症状　本病为导管部发病，属全株系统性病害，剖切根茎处，维管束变黑，是其典型症状。

（2）发病原因及条件　病原为轮枝孢菌 *Verticillium dahliae* Klebahn，为土壤传染病害，连作发病重。

（3）防治措施

①与小麦、水稻等单子叶植物轮作。

②加强田间管理，尽量保持土壤清洁。

3. 萝卜软腐病

（1）发病症状　根茎、叶柄或叶片均可受害。根部染病常始于根尖，初呈褐色水浸状软腐，后逐渐向上蔓延，使心部软腐溃烂成一团。叶柄或叶片染病，亦先呈水浸状软腐。遇干旱后停止扩展，根头簇生新叶。病健部界限分明，常有褐色汁液渗出至整个萝卜变褐软腐。采种株染病，外表趋于正常，但心髓部溃烂或仅剩空壳。

（2）发病原因及条件　病原菌 *Erwinia carotovora* sub-sp. *carotovora*（Jones）Bergey et al.，称胡萝卜软腐欧氏杆菌胡萝卜软腐致病型，属欧氏杆菌属细菌。病原细菌主要在土壤中生存，经伤口侵入发病，该菌发育温度范围2～41℃，适温25～30℃。

（3）防治措施：参见大白菜软腐病。

4. 胡萝卜菌核病

菌核病是贮运期一种为害较严重的病害，尤其是窖藏胡萝卜，贮藏温度过低导致胡萝卜冻伤后发病更重，甚至全窖腐烂。

（1）发病症状　贮藏的患病肉质根软腐，外部缠有大量白色絮状菌丝体和鼠粪状的初白色后黑色的颗粒（病原菌的菌核）；田间发生时，造成死苗死株，茎叶部分或全部变黄转褐最后凋枯，地下肉质根腐烂。发生严重时，肉质根烂光，只存空皮，此时病菌产生的白色絮状菌丝体几乎看不到，仅黑色菌核散落土中或附在根空皮内外。

（2）发病原因及条件　由子囊菌亚门的核盘菌 *Sclerotinia sderotiorum*（Lib.）de Bary 引起，*S. libertiana* Fuckel 为其异名。此菌寄主极多，是在农作物中特别是在蔬菜上为害严重的病原菌。在我国主要为害油菜、甘蓝、莴苣、向日葵、川芎等作物。

病菌以菌核在土壤中越冬。在北方，越冬后产生子囊盘，释放子囊孢子进行侵染，如采种株发病严重，种子带菌，播种引起死苗，以后成株的叶片、块根均受害。贮藏期间的烂根主要来自田间采收时附在健块根上的带菌土粒、连在肉质根上的病茎叶，或者因感病轻微而混入窖库的肉质根。病菌在潮湿情况下，菌丝体生长茂盛，直接不断蔓延为害，所以贮藏期间接触传病是本病造成严重烂窖的主要途径。肉质根冻伤、擦伤是病害在窖库中大暴发的诱因。采收早晚与胡萝卜的抗病性有一定关系，通常较老的肉质根产生愈伤组织的能力大大降低，容易被害。

表现较强抗病的品种有：黄胡萝卜（河北）、金港 5 寸、透心红胡萝卜（甘肃）、齐头黄（内蒙古）等。

（3）防治措施

①田间保持清洁，深埋病残体。

②与禾本科作物实行 3 年轮作。

③田间药剂防治，用 50% 速克灵 1 000 倍液喷施 2 次。

④严格挑选健根入窖，或入窖前用水洗根，然后晾干。

⑤收获、贮运时小心，避免擦伤或冻伤。

⑥国外有将采收后的胡萝卜经高温高湿短时间处理，例如，在52℃中浸泡10~12秒钟，以促进伤口木栓化，产生愈伤组织；或者在冷藏前进行预冷，把胡萝卜从22~25℃的周围环境中快速降低到贮藏库中的5℃有利于防止此病发生。

5. 胡萝卜黑腐病

黑腐病是贮运期间较普遍的病害，腐烂速度比菌核病和（细菌）软腐病慢。

（1）发病症状　主要为害肉质根，形成不规则或近圆形，稍凹陷的黑斑，上生黑色霉状物（病原菌的菌丝体和子实体）。腐烂深入内部5毫米左右，烂肉发黑，但一般不烂及中心部位，病组织稍坚硬，但如湿度大，也会呈现软腐。当被软腐细菌继而入侵后，则肉质根迅速烂及中心，烂处发黏、发臭。

（2）发病原因及条件　病原菌为 *Alternaria radicina* Meier, Drechsler, et Eddy，属链格孢属真菌。

此菌还为害芹菜、欧芹、莳萝、欧洲防风等伞形科植物。该菌耐低温，0℃时还可生长。病菌在土壤内、患病肉质根或病残茎叶上越冬。为害地下肉质根时，有无伤口均可侵入，但通常发展较慢，堆贮入窖后，逐渐发展为严重黑腐。病根上大量发生的分生孢子和菌丝体都可继续接触传病。24~26℃最适于发病，高湿利于发病。生长期间多雨，土壤潮湿黑腐多；贮运期间湿度大腐烂严重。

（3）防治措施

①播种无病种子。

②收获、装运时避免损伤肉质根，选取健根入窖贮藏，或者先将病斑刮除。

③贮运温度宜控制在0~2℃。

④采用不采收的天然贮藏法，或称为简易覆盖贮藏法可以防止此病发生。陕西临潼地区，将叶片，麦糠、麦草等简单覆盖在种植地上，可以使胡萝卜露地越冬。由于肉质根不需堆贮，减少

了接触传病，黑腐病发生少，但要注意防止冻害。

6. 胡萝卜腐霉病

（1）发病症状　病部初呈水浸状小斑点，后为直径3~5毫米左右的圆形或长圆形褐色水浸状小斑点。有时病斑发展为3~5厘米水浸状不规则形大病斑，表面软化腐烂。

（2）发病原因及条件　病原菌为 *Pythium sulcatum* Pratt and Mitchell，属腐霉属真。病菌在土壤中可存活数年，20~30℃均可引致发病。连作地或土壤水分高时发病重。

（3）防治措施

①避免连作，实行3~4年轮作。

②注意排水，防止高湿。

（十一）洋葱、大蒜贮运病害

1. 洋葱软腐病

（1）发病症状　田间鳞茎膨大期，在1~2片叶的下部产生半透明灰白色斑，叶鞘基部软化腐败，致外叶倒折，病斑向下扩展；鳞茎部染病初呈水浸状，后内部开始腐烂，散发出恶臭。

（2）发病原因及条件　病原 *Erwinia carotovora* sub-sp. *carotovora*（Jones）Berg. et al.，称为胡萝卜软腐欧氏杆菌胡萝卜软腐致病型细菌。病菌在4~39℃范围内均可生长，25~30℃最适，50℃经10分钟致死。除为害葱类外，还可侵染白菜、甘蓝、芹菜、胡萝卜、马铃薯等。病菌在鳞茎中越冬，也可在土壤中腐生，通过肥料、雨水或灌溉水传播蔓延。经伤口侵入，蓟马、种蝇也可传病。低洼连作地或植株徒长易发病。

（3）防治措施

①及时防治葱蓟马、葱蛾或地蛆等。

②发病初期喷洒50%琥胶肥酸铜可湿性粉剂500倍液，或77%可杀得微粒可湿性粉剂500倍液、14%络氨铜水剂300倍

液、72%农用硫酸链霉素可溶性粉剂4 000倍液、新植霉素4 000~5 000倍液，视病情隔7~10天喷洒1次，防治1次或2次。

2. 洋葱干腐病

（1）发病症状　收获期病株根盘部及鳞茎、根均变褐，枯死根盘部产生白霉，被害株易拔起，影响洋葱贮运性。

（2）发病原因及条件　病原菌为尖孢镰刀菌洋葱转化型 *Fusarium oxysporum* Schleehtendahl f. sp. *cepae*（Hanzawa）Snyder et Hansen，属镰刀菌属真菌。病原产生菌丝及大型与小型分生孢子、厚垣孢子。病原菌以厚垣孢子残存土壤中，从洋葱伤口处侵入，菜田地种蝇幼虫为害处引起感染。

（3）防治措施　可通过土壤消毒或实行轮作来防治。

3. 大蒜青霉病

青霉病是大蒜贮运中重要的病害。

（1）发病症状　被害蒜头外部出现淡黄色的病斑，在潮湿情况下，很快长出青蓝色的霉状物，即病原菌的子实体。贮存时间久，霉状物加厚，呈粉块状。严重时，病菌侵入蒜瓣内部，组织发黄，松软，干腐，通常蒜头上一至数个蒜瓣干腐。

（2）发病原因及条件　病原菌为黄青霉 *Penicillium chrysogenum* Thom，属青霉属真菌。此病菌广泛存在于土壤内、空气中，由各种伤口，诸如机械擦伤、虫伤、冷害等侵入，迅速进入蒜瓣组织。外部产生子实体后，贮运中继续行接触传播，由昆虫爬动，特别是震动，使分生孢子飞散扩展，很快大量发病。冷害与蒜蛆为害是青霉病发生的重要诱因。

（3）防治措施

①大量贮藏时，宜先消毒贮存场所。

②采收后，以特克多1 000毫克/公斤浸泡半分钟，然后晾干贮藏。

③贮藏温控制在 $-2.5℃ \pm 0.5℃$。

4. 大蒜曲霉病

由黑曲霉引起的烂蒜在我国大蒜贮运中发生较多。

（1）发病症状　被害蒜头外观正常，无色泽变暗或腐烂迹象，但剥开蒜瓣，蒜皮内部充满黑粉，极似黑粉病的症状，最终整个蒜头干腐。

（2）发病原因及条件　病原菌为 *Aspergillus niger* van Tiegham，属曲霉属真菌。病菌在土壤中、空气内、工具上及各种腐烂的植物残体上广泛存在，可能随采收由蒜头顶部剪口或擦伤处侵入，不断破坏内部组织。贮运期间再侵染不明显。黑曲霉通常需要高湿度分生孢子才能萌发，完成侵入。温度低于16℃，高于39℃，一般不能造成腐烂。蒜头剪头过早，留梗过低的发生较多。居民通常贮蒜时，将蒜头连梗带叶编成"蒜瓣子"，此病很少发生。但外贸需要，往往将蒜头剪下贮运，此病就大量增加，而且贮运期越长，患病蒜头越多，一般白皮蒜比褐皮蒜、紫皮蒜易感病。

（3）防治措施：参考大蒜青霉病。剪蒜头时，剪口浸一下农药灭病威200倍液，有较好防治效果。

5. 洋葱发芽

洋葱发芽是洋葱贮运过程中的常见问题。

（1）发病症状　洋葱发芽后养分消耗很快，品质下降，食用价值大大降低。

（2）发病原因及条件　贮藏或运输温度不适宜是造成洋葱发芽的主要原因。收获后长期贮藏于高温下可使洋葱不发芽，但实际生产上保持长期高温会加强洋葱的生理代谢，降低其营养物质。

（3）防治措施

①在洋葱脱离休眠期之前将其转入0℃左右冷库贮藏是较为行之有效的抑芽和防腐措施。

②于采收前用青鲜素（MH）处理，对抑制发芽有明

显效果。

青鲜素处理的具体方法是：在洋葱收获的前10～14天用浓度0.25%的青鲜素药液在田间喷洒植株，每亩喷药液约50公斤，喷药后1天内如遇雨应重喷。采用此方法抑制洋葱贮藏中发芽的效果显著，但是喷药的时间应严格掌握，过早（采收前3周或更早）喷洒，贮藏后期葱头心部容易腐烂。此外喷药浓度和用药量都不可过高，而且喷药后不能浇水，采收后要充分晾晒干燥。

（十二）食用菌贮运病害

1. 蘑菇褐腐病

褐腐病，又称疣孢霉病、湿泡病、水泡病、白腐病，主要为害双孢蘑菇、平菇、草菇、银耳等食用菌，是发生最为普遍的真菌病害。

（1）发病症状　染病的蘑菇子实体呈不规则白色棉絮状菌团，菇盖停止发育，无菌盖和菌柄之别，表面被白色絮状菌丝覆盖，并渗出暗褐色液滴，散发腐败臭味；也可致菌柄膨大或菌伞缩小，后溃烂产生褐色液滴状物。

（2）发病原因及条件　病原菌 *Mycogone perniciosa* Maga.，称菌盖疣孢霉，属半知菌亚门真菌。

主要通过工具和采菇人员传播，扩大为害，尤其是喷水有助于孢子从病菇上散布出来，高温高湿及通风不良，有利于发病，温度高于17℃蘑菇的菌丝或子实体染病重。

（3）防治措施

①严格消毒，用0.1%甲基托布津和0.1%的50%可湿性多菌灵粉剂药液喷洒消毒。

②发病初期停止喷水，菇房通风降温，温度控制在15℃以下，病区喷洒2%甲醛溶液或800倍的50%多菌灵可湿性粉剂

药液。

③发病严重的，需淘汰原有带菌覆土，换用新土覆盖，将病菇深埋或烧毁，所有用具置于1.6%甲醛溶液中消毒。

2. 蘑菇软腐病

（1）发病症状 该病主要为害双孢蘑菇、平菇等。发生该病时，受侵染的子实体产生绵毛状白色菌丝，后变为褐色至腐烂，不发生畸形，在感病中心可产生紫红色素。

（2）发病原因及条件 病原为 *Cladobotryum dendroides* (Bull.) W. Gams et Hoozi.，称为树状葡枝霉，属半知菌亚门真菌。病菌在土壤中存活，可通过培养料、覆土或借气流进入菇房。高温高湿或培养料含水过多易发生和流行。南方利用蔬菜苗床、塑料大棚或人防工程栽培的菇房易染病。发病温度15～30℃，适温为20～25℃，适宜 pH 为4。

（3）防治措施

①加强菇房管理，减少床面喷水，降低空气相对湿度。

②培养料进行高温堆积发酵，以杀死病原菌。

③该病局部发生时可在床面喷2%～5%的甲醛，0.1%的50%多菌灵可湿性粉剂，800倍的70%甲基托布津或5%的石炭酸，都有一定效果。

3. 蘑菇菌盖斑点病

（1）发病症状 病菇盖表面初凹凸不平，后圆形或不规则形斑，有时连成较大病斑。湿度大时病菇长有白色子实体，严重的菌褶多黏在一起。

（2）发病原因及条件 病原菌 *Aphanocladium album* (Preuss.) W. Gams，称白色扁丝霉，属半知菌亚门真菌。主要为害蘑菇。一般由覆土带入菇房，经气流进行传播蔓延。菇房空气相对湿度高于95%利于发病。

（3）防治措施

①发病后加强菇房通气，减低湿度，防止病害蔓延。

②及时挖除病菇。

③发病初期喷洒50%多菌灵可湿性粉剂500倍液，或70%甲基硫菌灵可湿性粉剂600倍液、60%防霉宝超微粉600倍液。

4. 蘑菇褐斑病

（1）发病症状　生长中后期子实体易染病，菌盖上出现稍凹陷褐色斑，形状、大小不一，病斑中间灰白，边缘较深，湿度大时斑上长出白色霉状物，即病菌分生孢子梗及分生孢子。病菇菌盖多变形，菌柄基部变褐增粗，菌皮剥落。

（2）发病原因及条件　病原菌为菌生轮枝霉 *Verticillium malthousei* Ware，属半知菌亚门真菌，此外有报道认为 *V. psalliotae* Treschow（蘑菇轮枝霉），也可引起该病。病菌来自土壤或有机质上，经培养料或覆土传入菇房，发病后产生分生孢子。高温高湿及通风不良利于发病，一般春菇发病较重。

（3）防治措施

①培养料采用二次发酵处理法，以利于蘑菇菌丝生长发育，抑制轮枝霉分生孢子萌发及生长；覆土经60℃处理1小时。

②及时防治菇蚊和菇蝇。

③防止菇房高温高湿条件出现，喷水后及时通风降湿。

④局部发病及时清除病菇，喷洒50%多菌灵可湿性粉剂500倍液，或70%甲基硫菌灵可湿性粉剂600倍液。

5. 草菇小球菌核病

（1）发病症状　菌丝体生长及子实体形成阶段易染病。发病初期，在草菇或菇床上出现银白色菌丝，向四周扩散形成白色菌落，后白色菌丝逐渐消失，出现似油菜籽状小菌核，致子实体不能形成，或小子实体凋萎；大子实体虽不凋萎，但长出不规则裂纹或皱褶，失去商品价值。

（2）发病原因及条件　病原为小球菌核 *Selerotium rolfsii* Sacc.，属担子菌亚门真菌。病菌生活在土壤中或有机质上，能传染多种蔬菜或禾谷类作物，栽培草菇的稻草或其他植物秸秆多带菌。草菇播种后的高温高湿条件有利于病菌在草堆里迅速繁殖扩展，不仅草菇培养料中的营养物质被消耗，而且病菌还分泌毒素杀死或抑制草菇菌丝的生长发育，严重者致完全不出菇，或直接为害子实体。

（3）防治措施　用石灰水浸泡稻草灭菌：把稻草扎成小把后捆成大捆，置于5%～7%石灰水中浸泡2天后，用清水冲洗，使稻草的（pH值）低于9；否则稻草碱性过强不利于菌丝生长发育。

参考文献

1. 王文生，缪作清，刘杏忠等编．果蔬贮运病害学．太原：山西高等教育出版社，1994

2. 邱强编．原色果品蔬菜贮运病害图谱．北京：中国科学技术出版社，1996

3. 戚佩坤主编．果蔬贮运病害．北京：中国农业出版社，1994

4. 张维一，毕阳编著．果蔬采后病害与控制．北京：中国农业出版社，1996

5. 罗云波主编．园艺产品贮藏加工学（贮藏卷）．北京：中国农业大学出版社，2001

6. 周山涛主编．果蔬贮运学．北京：化学工业出版社，1999

7. 吕佩珂，李明远，吴锯文等编．中国蔬菜病虫原色图谱．北京：中国农业出版社，1992

8. 刘兴华，陈维信主编．果品蔬菜贮藏运销学．北京：中国农业出版社，2002

9. 胡安生，王少峰主编．水果保鲜及商品化处理．北京：中国农业出版社，1998

10. 张维一主编．果蔬采后生理学．北京：中国农业出版社，1993

11. 蒙盛华，胡小松，赵华等编．水果蔬菜贮藏保鲜实用技术手册．北京：科学普及出版社，1991

12. 田世平主编．果蔬产品产后贮藏加工与包装技术指南．北京：中国农业出版社，2000

13. 张昭其，庞学群编著．南方水果贮藏保鲜技术．南宁：广西科学技术出版社，1998

14. 冷怀琼，曹若彬等编著．水果贮藏的病害防治及保鲜技术．成都：四川科学技术出版社，1991

15. 张宝棣编著．蔬菜病虫害原色图谱．广州：广东科技出版社，2002

16. 张宝棣编著．果树病虫害原色图谱．广州：广东科技出版社，2001

芒果焦腐病

冬枣褐斑病(脆果)

柿子褐斑病

猕猴桃生理衰老软化

香蕉炭疽病

苹果青霉病

草莓灰霉病

桃黑霉病

柑橘青霉病

石榴冷害表皮变色

柑橘疫腐病

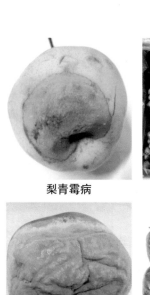

梨青霉病

葡萄保鲜剂、臭氧和对照处理对比

柚子绿霉病

山楂褐腐病

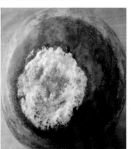

西瓜绵腐病

菜豆冷害后真菌侵染

菜花黑斑病

蒜薹灰霉病

青椒冷害初期症状

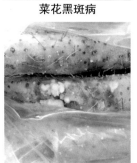

山芋青霉病

茄子冷害